김주필 박사가 들려주는

알면 유익한 자연의 세계

김주필 지음

써네스트

김주필 박사가 들려주는

알면 유익한 자연의 세계

김주필 지음

거미박사 1호 김주필 박사
의 100가지 동식물 이야기

흥미로운 경험담,

생생한 설명,

자연의 뜻밖의 모습!

써네스트

머리말

　몇 년 전 동국대학교 명예교수들이 단체로 동해안 일대를 일주하다가 백담사 만해공원 숙소에 머물렀을 때의 일이다. 박사학위 동기이자 동양철학의 대가인 송재운 교수와 룸메이트가 되어 이런저런 이야기를 나누던 차에 송재운 교수가 현재 실버타임즈(Silver Times)의 편집국장 일을 하고 있다면서 <자연의 세계>라는 주제로 동식물을 소재로 한 이야기를 게재해 달라고 요청했다. 그때 송재운 교수의 요청을 받아들여 원고를 쓰다 보니 어느덧 몇 년이 흘러 꽤 여러 편을 소개하게 되었다.

　무심히 흐르는 한강물과 같이 세월은 덧없이 흘러간다. 세월은 덧없이 흘러가지만 인생은 흘러가는 것이 아니라 마치 낙엽처럼 시간의 흐름에 따라 연륜이 쌓이는 것이라고 본다. 결국 우리 인간은 늙어 가는 것이 아니라 조금씩 익어 가는 것이다.

　어쩌면 이런 종류의 글을 쓰는 것이 거의 마지막이 아닐까 하는 마음으로 글을 쓰고 정리해 보았다. 기본적으로 동식물 100종에 대해 알고 있으면 큰 보탬이 될 것이라 여겨진다.

현재까지 지구 상에 연구 보고된 생물은 무려 160만 종이나 된다. 식물이 30만 종이고 동물이 130만 종이다. 이렇게 많은 종들이 연구, 보고되었지만 그중 100종에 대해서만이라도 확실하게 알아 둔다면 재미있고 흥미로운 생활의 비타민이 될 것이다. 과거에는 원고를 쓰려면 참고문헌이 많이 필요했고 그래서 도서관에서 살다시피 해야 했다. 하지만 요즘 같은 정보화시대에는 네이버, 다음, 구글 같은 유용한 도구들이 있어 글 쓰는 작업이 아주 편해졌다. 인터넷에게 고맙다고 말하고 싶다.

끝으로 써네스트의 강완구 사장님을 비롯하여 편집부 직원들께 감사의 말을 전하는 바이다.

2016년 초가을 주필거미박물관에서

김주필

목차

아름다운 동물과 거구의 동물

표범 무늬를 가진 어리표범나비

어린이들이 가장 좋아하는 곤충은 아마 나비일 것이다. 한반도에는 248종의 나비가 서식하고 있으며 그 대부분이 석주명 선생에 의해 명명되었다. 네발나비과에 속하는 어리표범나비는 날아다니는 모습이 우아하고 아름답다.

원래 곤충의 다리는 세 쌍, 여섯 개지만 어리표범나비의 경우 앞다리 한 쌍이 퇴화했기 때문에 네발나비가 된 것이다. 어리표범나비의 날개 길이는

어리표범나비

26cm 내외이고(완전히 폈을 때) 날개 빛깔은 주황갈색이다. 암컷은 수컷보다 약간 연한 색의 날개를 가졌다. 암수 모두 날개 앞면에 검정 무늬와 검정 띠를 가졌는데 특히 암컷의 경우 흑색 부분이 뚜렷하게 발달했다(뒷날개 뒷면에 있는 담황색 띠의 경우 암컷이 수컷보다 더 엷은 색을 띤다).

연 1회 발생하는 어리표범나비는 5월부터 8월까지가 최성기이고 유충으로 월동하며 유라시아 전역에 분포한다. 호랑나비나 물벼룩에 봄형과 여름형이 있듯, 어리표범나비에도 봄형과 여름형이 있다. 봄형과 여름형은 그 빛깔과 무늬가 거의 비슷하지만 여름형이 봄형보다 크기가 더 크고 또 날개 중앙에 있는 띠무늬의 폭도 더 넓다. 어리표범나비에 '표범'이라는 말이 붙은 것은 날개의 무늬가 표범을 연상시키기 때문이다. 여러 그룹이 네발나비과에 포함되며 산은줄표범나비, 은줄표범나비, 암검은표범나비, 구름표범나비, 큰흰불표범나비, 흰줄표범나비는 그 크기와 날개 윗면의 표범무늬가 비슷하기 때문에 자세히 살펴봐야 구분이 가능하다. 네발나비과에 속하는 수많은 표범나비들 중 어리표범나비는 비교적 크기가 작고 깜찍한 종이라고 할 수 있다.

흰줄표범나비와 은줄표범나비는 나지막한 산지나 농촌 주변 등 전국 어디에서나 쉽게 관찰할 수 있지만 산은줄표범나비와 큰흰줄표범나비는 비교적 높은 산지 능선이나 정상부에서 주로 관찰할 수 있다. 암검은표범나비의 경우 내륙 지방보다는 섬에서 쉽게 찾아볼 수 있다. 구름표범나비는 다른 종들에 비해 개체수가 아주 적다. 이들 모두 연 1회 발생하며 애벌레들의 먹이는 제비꽃과(科) 식물이다.

꽃을 좋아하는 어리표범나비는 엉겅퀴꽃에 떼를 지어 않는 경우가 많다. 암어리표범나비는 5월경에 많은 유충이 부화, 발생하기 때문에 개체군의 밀도가 아주 높다. 날아다니는 모습이 팔랑나비과와 비슷하여 귀여운 면도 없지 않다. 날개 면적이 좁아 자주 움직여야 하고 그래서 먼 거리를 날지는 못한다. 짧은 거리를 날아간 다음 곧바로 휴식을 취해야 하는 것이다. 성충이 되면 환삼덩굴 잎이나 절국대 잎 뒷면에 알을 낳는다. 여름형 나비의 번데기는 지상의 돌 틈에서 월동을 한다.

비행하며 구애하는 호랑나비

호랑나비 하면 제일 먼저 떠오르는 것이 있다. 1989년 무명 가수였던 김흥국 씨를 일약 스타로 만든 노래 <호랑나비>가 그것이다.

우리에게 가장 친숙한 곤충들 중 하나인 호랑나비는 절지동물 나비목 호랑나비과에 속한다. 크고 화려한 날개를 가졌으며 5월부터 10월까지가 최성기이다. 1년에 3~4회 발생하며 지역과 날씨에 따라 성장 속도가 다르다. 애벌레들

호랑나비

은 주로 운향과(科) 식물의 잎을 먹고 자라지만 성충이 되면 꽃에 앉아 꿀을 빨아먹고 산다. 인간은 자외선을 볼 수 없지만 완전변태 곤충인 호랑나비는 자외선을 볼 수 있다.

호랑나비의 날개에 새겨진 아름다운 무늬와 화려한 빛깔, 그리고 우아한 날개짓에 매료되지 않을 사람은 없을 것이다(흔히 우리는 여자를 꽃에 비유하고 남자를 나비에 비유한다). 그리고 호랑나비의 짝짓기하는 장면이 쉽게 눈에 띄지 않는 것은 비행의 달인답게 공중을 날아다니며 구애를 하기 때문이다(나풀거리는 날개짓 때문에 자세히 볼 수가 없다). 나비 중에서 가장 멋지고 인기 있는 곤충은 뭐니 뭐니 해도 호랑나비다.

큼직한 날개를 가진 호랑나비는 날개를 보호하기 위해 장애물을 피해 다니는 습성이 있다. 그래서 좀처럼 내려앉지 않고 줄기차게 비행을 하는 것이다. 또한 호랑나비는 비행기와 마찬가지로 항로를 따라 날아다닌다. 호랑나비의 항로를 관찰한 결과 하나같이 똑같은 항로를 따라 비행하는 것으로 나타났다.

유충 시기에는 마치 새의 분비물처럼 위장을 함으로써 새와 같은 천적으로부터 스스로를 보호한다. 3령기를 지난 유충은 완전히 새로운 모습으로 변하여 주위 환경과 비슷한 보호색을 띠게 된다. 자세히 관찰해 보면 스스로를 보호하기 위해 뱀눈 모양의 가짜 눈을 하고 있는데 이는 천적들에게 겁을 주기 위해서이다.

호랑나비에게 중매쟁이 역할을 하는 것은 달콤한 꿀물이다. 이들의 사랑은 쾌청한 날 꽃밭에서 시작된다. 호랑나비의 경우에도 봄형은 몸의 크기가 작고 체색이 흐리지만 여름형은 몸의 크기가 크고 체색이 진하고 화려하다. 또한 다른 곤충들과 마찬가지로 수컷 호랑나비는 암컷 호랑나비에 비해 큰 몸집을 가졌다. 수컷의 몸은 희끄무레한 바탕에 검은색 띠가 둘러져 있고 하늘색 광채가 난다. 호랑나비의 성체는 산초, 귤, 탱자 등의 나뭇잎에 알을 낳고, 부화한 유충은 그 나뭇잎을 먹고 자란다.

잘생긴 고운땅거미

땅거미과에는 땅거미속과 고운땅거미속이 있다. 땅거미속은 7종이 발견되었지만 고운땅거미속의 경우 고운땅거미 한 종만이 발견되었다.

크고 튼튼한 위턱을 가진 고운땅거미는 암수 모두 늠름한 미인형으로 거미치고는 멋있는 놈들이다. 긴 사각형에 고운 황갈색을 띤 배갑(등딱지)에는 가슴홈이 깊게 패어 있다. 그리고 특이한 점은 수염기관과 첫째 다리는 가늘고

고운땅거미

둘째, 셋째, 넷째 다리로 갈수록 점점 굵고 튼튼해진다는 것이다. 복부는 계란형으로 등면 앞쪽에 반원형의 노란색 등판 무늬가 있다. 잔디밭이나 산지 등 비교적 건조하고 지반이 딱딱한 곳에서 지상부가 없는 수직 전대그물을 만들어 놓고 산다.

고운땅거미의 출현 시기는 8월에서 10월까지이고 몸길이는 암컷이 16cm 내외, 수컷이 7cm 내외이다. 보통 지상부가 없는 굴 입구에서 신호줄을 쳐 놓고 기다리다가 먹이가 지나가는 것을 감지하면 재빨리 튀어나와 길고 날카로운 엄니(독이빨)로 먹이를 잡는다. 이때 지표면의 원형 굴 입구에는 지상부가 없기 때문에 대개의 경우 낙엽 등으로 굴 입구를 덮어 놓는다. 그래서 유심히 살펴보지 않으면 발견할 수가 없다.

암컷의 경우 일단 굴을 파서 지하부에 전대그물을 치고 자리를 잡게 되면 거의 대부분 그곳에서 생을 마감한다. 수명은 4~5년 정도이고 땅굴에서 산란과 부화가 이루어진다. 부화할 때가 되면 새끼 거미는 스스로 전대그물 밖으로 기어 나온다. 그리고 전대그물 밖으로 나오면서 유사 비행을 위한 흰색 띠 그물을 계속 만들어 바람 부는 방향으로 유사 비행을 한다. 새끼 거미에게 가장 위험한 순간은 유사 비행을 하기 직전이다(개미나 깡충거미 같은 천적의 먹이가 되기 쉽다). 짝짓기 시기가 되면 암컷의 페로몬에 이끌린 수컷들이 굴속으로 기어 들어간다. 짝짓기는 굴속에서 이루어지며 짝짓기를 마친 수컷은 굴속에서 생을 마감한다.

최근 한국거미에 관심을 갖는 마니아들이 많아졌고 사육하는 사람들도 많아졌다. 새끼거미를 채집해서 사육하고자 하는 사람은 사육통을 만들어 사육해야 한다. 먼저 가로 30cm, 세로 50cm, 높이 50cm 정도 되는 사육통을 만든다. 그리고 원래 고운땅거미가 살던 곳의 흙을 가져와 사육통에 담고 여기에 다른 흙과 질석, 코코피트를 배합한다. 이때 흙 높이는 30cm 이상으로 하는 것이 좋다. 굴 높이가 높기 때문이다. 사육통 안에는 반드시 물통이 준비되어 있어야 하고 먹이는 일주일에 한 번씩 밀웜이나 귀뚜라미를 넣어 주는 것이 좋다. 생명력이 강해 사육하기는 좋지만 사육장 안을 습하게 해서는 안 된다. 겨울철에 고운땅거미는 땅속 깊이 들어가 땅굴 속에서 월동한다.

화려하고 아름다운 주홍거미

현재까지 한국 거미는 48과 829종이 연구, 보고되어 있는데 그중 가장 화려하고 예쁜 거미 한 종을 추천하라고 한다면 당연히 주홍거미 수컷을 선택할 것이다. 우리나라 주홍거미는 주홍거미과 중에서 유일하게 보고되어 있는 종이다. 환경부는 하루속히 이 주홍거미를 천연기념물 또는 멸종 위기종으로 지정해 보호해야만 한다.

주홍거미

몸길이는 암컷이 12cm 내외, 수컷이 10cm 내외이다. 암컷의 경우 온몸이 검정색이고 등면 부위에 근육질의 점 네 개가 뚜렷이 보인다. 수컷의 경우 머리 부분은 검정색이지만 등면 부위가 화려하고 예쁜 주홍색을 띠고 있다. 그 위에 검정색의 커다란 점 네 개가 있고 각각의 점 가운데에는 붉은색의 근육질 점이 있다. 여덟 개의 눈은 모두 검은색을 띠고 있다. 다리는 짧고 통통하며 각각의 마디 끝 부분에 흰색 털이 나 있어 전체적으로는 검은 바탕에 흰 색동 무늬를 넣은 것처럼 보인다.

주홍거미는 건조한 지역의 모래 언덕이나 사토가 많은 산소(무덤) 주변에 굴을 파고 산다. 굴은 비스듬한 모양이고 입구와 출구가 따로 있으며 먹이 찌꺼기를 버리는 통로도 따로 있다. 또한 이 굴은 피신용 통로로 쓰이기도 한다. 주홍거미는 굴 위 지표면에 조잡한 그물을 치는데 그 크기가 A4 용지의 1/4 정도이다.

주홍거미는 세계 동물 분포지역 중 구북구(舊北區)에 주로 분포한다(일본에 없는 종이 바로 이 주홍거미종이다). 구북구는 시베리아아구와 만주아구로 나뉘는데 우리나라는 만주아구에 속한다. 따라서 주홍거미는 만주아구 분포구의 경계가 되는 아주 중요한 종이다.

주홍거미는 채집하기가 쉽지 않다. 우리나라 최대의 주홍거미 서식지는 충남 태안 신두리 사구(沙丘)인데 그나마 짝짓기를 하는 시기가 채집하기 가장 좋은 시기다. 짝짓기 시기는 5월 하순부터 6월 하순까지이고 짝짓기 최성기는 6월 초순경이다(정확히는 6월 6일경이다).

2012년 6월 5일 나와 한국거미연구회 회원 20여 명은 2박 3일 일정으로 주홍거미 채집을 하기 위해 신두리 사구로 향했다. 그때 우리는 서산중학교 과학 교사 김만용 선생이 지도하는 생물반 동아리와 합동으로 채집 활동을 벌였다.

한창 짝짓기를 할 시기였지만 주홍거미 채집은 쉽지 않았다. 수컷이 암컷을 찾아다녀야 하는데 뜨겁게 달아오른 모래 때문에 좀처럼 기어다니지를 않았던 것이다. 하지만 풀줄기를 타고 올라가는 수컷들이 간혹 눈에 띄었다. 내가 먼저 주홍거미 한 마리를 잡으니 회원들 모두가 신이 나서 채집을 했다. 이 일을 계기로 김만용 선생은 주홍거미 도사가 되었고 그 이듬해에는 전국과학전에 출품하여 최우수상을 받기도 했다. 이후 김 선생은 주홍거미 연구에 매진하여 주홍거미 대동여지도를 작성했다. 한마디로 우리나라 주홍거미 분포도를 완성한 것이다. 정말 열정과 노력이 대단한 사람이었다. 김 선생과 여러 차례 토론해 봤지만 전라남도와 경상남도에 주홍거미가 분포하지 않는 원인은 밝힐 수가 없었다. 연구를 통해 밝혀진 중요한 사실은 주홍거미의 출현 시기가 고생대이고 그 본산지는 강원도 영월이라는 것이다. 나는 우리나라의 주요 서식지들을 돌아다니며 주홍거미를 다시 채집할 생각이다. 그래서 DNA 분석을 통한 이동경로 추적을 시도해 볼 것이다.

주홍거미의 또 다른 특징은, 애어리염낭거미처럼 모성애가 아주 강하다는 것, 그래서 부화한 새끼들이 엄마 거미를 잡아먹는다는 것이다.

겨울 철새의 명품 - 고니

    기러기목 오리과에 속하는 고니는 몸길이가 120cm 내외로 큰고니와 비슷하게 생겼다. 1968년 5월 30일 천연기념물 제201호로 지정되었으며 흔히 백조로 알려져 있다.

    체색은 흰색이지만 얼굴에서 목까지는 오렌지색이다. 부리는 앞쪽 절반이 검은색이고 기부 쪽은 노란색이다. 황색 부분의 앞쪽 끝은 둥글다. 고니의 종

고니

류는 6종이지만 우리나라에는 고니, 큰고니, 흑고니 이렇게 3종이 서식한다. 우리나라에는 큰고니에 비해 다소 적은 수의 집단이 와서 겨울을 지낸다. 우리나라에서 월동하는 고니류는 약 3천~4천 마리 정도인데 그중 50% 정도가 큰고니 무리에 섞여 월동을 한다. 일반적으로 조류는 한곳에서 1년 내내 사는 새를 텃새, 계절에 따라 이동하며 알을 낳고 사는 새를 철새, 대륙과 대륙 사이를 건너다니는 새를 나그네새라고 한다.

고니는 강원도 고성군 거진면 화진포에서 해안을 따라 남쪽의 강릉시까지 112km에 걸쳐 있는 송지호, 봉진호, 영랑호, 양양읍 월포해변 습지, 그리고 매포와 향호 등 크고 작은 저수지와 습지에서 20여 마리씩 무리 지어 활동한다(총 100여 개체가 함께 서식한다). 내가 고등학교에 다닐 때만 해도 충청북도 진천이 고니의 주된 월동 도래지였다. 당시에는 고니가 천연기념물로 지정되어 있지 않기 때문에 고니 표본을 만들기 위해 며칠씩 밤을 새우며 고니를 사냥하곤 했다. 서북아 대륙에 분포하는 고니는 해마다 그 개체수가 줄어 현재는 5천여 마리만이 서식하고 있는 것으로 추산된다(현재 세계적인 보호종으로 지정되어 있다). 고니는 해안이나 호수에 서식한다. 시베리아 북부 콜라반도 페체가 강에서 동쪽으로는 타이미르반도, 레나 강, 인디기르카 강 하류 분지, 콜리마 강과 아나다르 강까지, 남쪽으로는 산림 툰드라 또는 침엽수림 지대의 경계까지가 서식지인 것으로 알려져 있다. 겨울이면 노르웨이 서남부와 덴마크, 영국, 네덜란드, 카스피해, 러시아의 투르키스탄 평원, 일본, 한국 그리고 중국 양자강에서 광동성에 이르는 광범위한 지역에서 월동을 한다.

올겨울에 나는 내가 살고 있는 곳 주변에서 학생들과 함께 겨울 철새를 관찰했는데 양수리 두물머리 부근, 퇴촌의 경안천 등지에서 월동하는 것을 볼 수 있었다.

우리나라에서는 큰고니, 고니, 흑고니 등 3종이 기록되어 있다. 우리나라에 도래하는 고니는 모두 겨울철에만 볼 수 있는 겨울 철새들이다. 특히 흑고니는 동해안 화진포 저수지에서 경포호에 이르는 지역의 크고 작은 저수지에서 50~100마리씩 무리 지어 지내는 희귀한 종이다.

백조의 호수라는 단어를 떠올리게 하는 고니들. 두세 마리의 고니가 우아한 자태로 날아오르며 노을빛 하늘을 비행하는 모습은 그야말로 장관이 아닐 수 없다. 또한 물을 차며 물 위에 내려앉는 모습을 보고 있노라면 다이나믹하고 멋진 고니의 아름다운 자태에 감탄이 절로 터져 나온다. 희귀종에 명품 겨울 철새인 고니를 잘 보호해야만 할 것이다.

날씬하고 어여쁜 맵시벌

    절지동물인 맵시벌은 맵시벌과에 속하는 곤충으로 대부분이 기생벌이다.
자신의 생존을 위해 다른 곤충을 이용하는 기생벌의 대표적인 예로는 맵시벌,
혹벌, 좀벌류 등이 있다. 이 중에서 가장 무서운 것이 바로 맵시벌이다. 전 세계
적으로 6만여 종이 보고되었으며 우리나라에도 450여 종이 있는 것으로 알려
져 있다.

맵시벌

맵시벌은 성충의 형태와 체색 그리고 크기가 매우 다양하다. 맵시벌은 납작맵시벌속에 속하며 몸길이는 평균 1.2㎝ 정도이고 크기가 제일 큰 북미산 맵시벌은 몸길이가 5㎝에 달한다. 맵시벌은 이름 그대로 날씬하고 맵시가 나는 예쁜 벌이다. 대부분 가늘고 긴 체형에 구부러진 복부를 갖는다는 점에서 호리허리벌류와 비슷하지만 훨씬 많은 촉각 마디를 갖는다는 점에서 차이가 있다. 산란관이 몸길이보다 길고 앞날개에 검은 반점이 있는 종들이 많다. 맵시벌은 대부분의 곤충류, 특히 나비류와 나방이류, 심지어 다른 벌류와 거미류에까지 기생한다. 이처럼 많은 종류의 해충에 기생하다 보니 맵시벌이 인간에게 유용한 '익충'이라는 말까지 나오는 것이다. 큰 무리를 이루는 맵시벌은 경제적 중요성이 큰 곤충으로 해충 방제에 있어 매우 중요한 역할을 한다.

알에서 부화한 맵시벌 유충은 숙주의 몸 표면에 구멍을 뚫어 영양분을 빨아먹는다. 숙주의 몸속에 알을 낳는 경우에도 암컷 맵시벌은 숙주의 몸속에 독액을 함께 분비한다. 이 독액은 숙주를 마비시키지는 않지만 숙주의 몸에 생리적 변화를 일으켜 맵시벌 알에 대한 숙주의 면역 반응을 억제시킨다. 맵시벌 암컷은 숙주의 유충이나 번데기, 심지어 성충의 체표 위나 몸속에까지 산란을 한다. 맵시벌 유충은 숙주의 체액이나 지방분을 먹고 자란 다음 명주고치를 짓는다.

한편 맵시벌이 숙주를 찾아내는 행동은 매우 흥미롭다. 맵시벌은 먼저 나비나 나방이 애벌레 같은 숙주의 배설물이나 풀잎에 묻은 숙주의 침액 등에서 풍기는 냄새로 숙주를 찾아낸다. 숙주가 먹는 식물의 냄새를 맡고 숙주가 있는 장소로 찾아가는 것이다. 만약 숙주가 나무 속에 있는 애벌레라면 긴 촉각으로 나무 줄기를 두드려 반사되는 소리로 애벌레를 찾아낸다. 맵시벌은 숙주를 발견한 후에도 곧바로 산란하지 않고 숙주의 몸속에 이미 다른 기생벌의 알이 들어 있지는 않은지 세밀하게 확인한다. 다른 기생벌의 알이 있는 곳에 산란하게 되면 부화한 유충들 간에 치열한 생존 경쟁이 벌어져 자신의 새끼가 죽을지도 모르기 때문에 맵시벌은 이미 기생된 숙주에는 산란하지 않는 것이다.

화려한 새 - 극락조

극락조에 대해 알아보자. 척삭동물인 극락조는 참새목 극락조과에 속하는 조류로 오스트레일리아, 인도네시아, 파푸아뉴기니에 주로 서식하는 아주 화려한 새다. 파푸아뉴기니에서는 국기 휘장에 그려 넣을 정도로 국보적 보물로 여겨진다. 거미박물관 동물표본실에서 오랫동안 고민한 끝에 극락조 표본 다섯 마리가 전시되어 있는 것을 보고 극락조를 소개하기로 했다.

현재 극락조는 전 세계에 40여 종이 있는 것으로 알려져 있다. 수컷의 깃털

극락조

색깔과 화려하고 아름다운 모양은 벌새와 비슷한 점도 있다. 수컷은 나뭇가지나 숲 속 넓은 공터에서 몇 시간씩 구애 행동을 하고, 짝짓기를 끝낸 암컷은 혼자서 둥지를 만들고 알을 낳아 한두 마리의 새끼를 기른다.

극락조는 파푸아뉴기니의 고지대나 주변 섬에서 흔히 볼 수 있다. 오스트레일리아 극락조류와 풍조류는 오스트레일리아에서만 볼 수 있다.

가장 큰 극락조는 곱슬머리극락조인데 몸길이가 45㎝ 내외이다. 몸길이 30cm 내외의 트럼펫극락조는 머리에 장식깃이 있고 목에는 뾰족한 깃털이 덮여 있다. 이 새의 수컷은 아주 시끄럽게 운다.

가장 중요한 극락조류는 극락조속에 속하는 일곱 종인데 몸길이는 40㎝ 내외이고 중앙의 꼬리 깃이 철사처럼 길거나 폭 좁은 리본처럼 말려 있다. 얇은 날개 깃털이 등 위에서 앞으로 세워져 있기 때문에 날개를 감출 수 있다. 큰극락조는 트리니다드의 리틀토바고 섬과 베네수엘라 연안의 토바고에서 도입된 것이다. 짧은 꼬리를 지닌 열두줄극락조는 몸길이 30㎝ 내외의 조류이다.

여섯깃털극락조류속의 4종에게는 머리에서 등 쪽으로 뻗어 끝이 늘어진 센 깃털 여섯 개와 정교한 날개깃이 있다. 임금극락조는 어깨 망토와 약 40개의 반짝거리는 마디로 구성된 한 쌍의 긴 머리 깃을 갖고 있다.

귀족극락조는 가슴에 펼쳐지는 깃털과 머리에 부채 모양으로 펼쳐지는 넓은 망토 깃을 갖고 있다.

과거에 유럽 사람들이 이와 같이 화려하고 아름다운 새들을 장식용으로 남획한 적이 있지만 지금은 그들이 앞장서서 관리와 보호를 하고 있다.

생태계를 교란하는 황소개구리

생태계 교란 생물로 유명해진 황소개구리는 양서류에 속하는 대형 개구리로 북미 동부 지역이 원산지이다. 황소개구리라는 이름은 덩치도 크고 울음소리도 황소 울음소리 같아서 붙여진 이름이다. 우리나라의 경우 1958년에 국립진해양어장에서 몇 개체를 수입하여 키운 것이 최초의 도입 사례라 할 수 있다. 그러나 우리나라 연못이나 하천에 서식하는 황소개구리는 국립진해양어

황소개구리

장과는 아무 관계가 없다. 우리나라에 황소개구리가 많이 서식하게 된 것은 박정희 대통령 시절 새마을운동이 한창이었을 때(1973년) 연한 닭고기 맛이 나는 식용 황소개구리를 일본에서 수입하면서부터였다. 그 후 황소개구리가 우리나라 환경에 완벽히 적응하면서 그 개체수가 엄청나게 불어나게 된 것이다.

북미에서는 황소개구리가 먹이 사슬의 하위 단계에 있지만 우리나라의 경우 황소개구리를 잡아먹는 천적, 즉 악어 같은 천적이 없기 때문에 현재까지 약 40년 동안 먹이 사슬의 상위 단계에 있는 뱀까지 황소개구리의 먹이가 되어 왔다.

황소개구리는 4월 하순부터 10월까지 왕성하게 활동한 후 동면에 들어간다. 수명은 6년 내외이고 산란 시기는 5월부터 7월까지다(9월까지 산란하는 경우도 있다).

황소개구리는 유속이 느린 호수나 연못, 늪지 같은 곳에 산란하는데(길게 연결된 비닐자루 띠처럼 알들이 물위에 둥둥 떠다닌다) 보통은 암컷 황소개구리 한 마리가 5천 개 내외의 알을 낳는다. 알 하나의 크기는 지름이 1.5mm에 불과할 정도로 작지만 수면 위에 3~5cm 두께의 '덩어리 띠'를 형성한다. 5월 하순경에 올챙이가 되고 그로부터 2~3년간 성장하여 아성체가 되는데 올챙이 시절에도 12~15cm까지 성장한다. 갓 성체가 된 황소개구리는 우리나라의 큰 참개구리와 그 크기가 비슷하지만 반점의 무늬가 달라 쉽게 구분할 수 있다. 개체에 따라 등 표면의 빛깔이나 무늬가 달라 딱 잘라 말할 수는 없지만 대부분의 경우 머리 부분은 녹색이다. 수컷이 암컷에 비해 몸 크기가 작고 성별에 따라 고막의 크기도 다르다. 즉 수컷의 경우 고막의 크기가 눈 크기보다 크지만 암컷의 경우 고막의 크기가 눈 크기와 비슷하다.

식성이 좋은 황소개구리는 마치 허기진 사람처럼 아무것이나 마구 입에 처넣는다. 자신보다 작은 것이 눈앞에 있으면 일단 먹고 보는 것이다. 이런 습성이 있기 때문에 언뜻 드는 생각에 비닐 같은 쓰레기를 먹고 죽어 버릴 것 같지만 소화되지 않은 것은 토해 내기 때문에 잘 죽지도 않는다. 황소개구리가 많아지면 생태계가 파괴되고 먹이 사슬이 끊어진다. 그래서 1997년에는 환경부가 황소개구리와의 전쟁을 선포하기도 했다. 환경부에서 황소개구리를 잡아 해부한 결과 벌 같은 곤충은 물론이고 새, 들쥐, 뱀까지 잡아먹는 것으로 나타났다.

현재까지 밝혀진 황소개구리의 천적으로는 가물치와 수달 같은 것들이 있다.

일부다처제의 바다사자

바다사자는 척삭동물 물개과에 속하는 포유류 동물로 물개과 중에서 덩치가 가장 크다. 크기는 3m 내외이고 몸무게는 1,000㎏까지 나가는 것도 있다. 주로 멸치와 오징어를 먹고 사는 바다사자는 번식기가 되면 얕은 해안가로 올라와 힘센 수컷끼리 군집을 형성한다. 그리고 군집 내에 다른 수컷이 들어오는 것을 막고 암컷만 들어오게 하는 일부다처제의 하렘 생활을 한다.

바다사자는 보통 수컷 한 마리가 암컷 10여 마리를 데리고 산다. 새끼가 태어나면 그 새끼는 엄마가 속한 군집 내에서 보호를 받지만 가끔 엄마의 몸무게에 짓눌리거나 수컷들의 싸움에 휘말려 죽는 경우도 있다. 번식 양육기가 끝나면 군집이 흩어지는데 이때 새끼는 엄마를 따라 차가운 바닷물에 들

바다사자

어가 성체가 되기 위한 준비 작업을 한다.

최근 들어 바다사자 모피와 고기, 기름을 얻기 위한 무분별한 남획과 기후 변화로 인해 바다사자가 멸종 위기에 처하게 되었다. 지구 온난화로 물속의 온도가 변하면서 바다사자의 먹이인 장어, 멸치, 오징어 등의 수가 감소했고 이와 함께 바다사자의 수도 감소한 것이다.

수컷 바다사자는 힘이 세고 덩치가 큰 반면에 암컷 바다사자는 얼굴이 예쁘고 몸매가 늘씬하여 모델로 내놓아도 손색이 없을 정도다.

내가 갈라파고스의 이사벨라 섬, 페르난디나 섬, 산타크루즈 섬에 갔을 때 가장 인상 깊었던 것은 수많은 바다사자가 해안가에 누워 수많은 관광객을 맞이하는 모습이었다. 몸집이 커서 잘 움직이지 않고 눈만 뱅글뱅글 굴리며 주위를 살피는 모습이 정말 인상적이었다. 바다사자는 3일 정도 바다에 나가 열심히 사냥을 한다. 그리고 그 다음에는 해안가에 누워 세상에서 가장 편한 자세로 휴식을 취한다.

바다사자는 귓바퀴가 있고 앞발이 납작한 지느러미로 되어 있으며 네 지느러미로 육지 위를 걸어 다닌다. 바다사자는 북극해에서 적도까지, 남반구와 북반구 해양에 모두 분포한다.

우리나라는 경상북도 울릉군 독도가 바다사자 서식지이다. 독도에 사는 바다사자는 미국 캘리포니아의 바다사자와 비슷한 유전자를 가진 것으로 밝혀졌다.

바다사자의 수명은 약 25년이며 일 년에 한 번 한 마리의 새끼를 낳는다. 임신 기간은 11개월이고 출산 시기는 5~6월이며 양육기간은 12개월 미만이다. 바다사자는 계절에 따라 수백 킬로미터까지 이동한다. 번식기에는 섬이나 연안 바위 지대에서 출산과 양육을 한다. 수컷은 번식기 이외에는 단독 생활을 하며 암컷은 새끼들과 함께 집단 생활을 한다.

지구 역사상 가장 거대한 동물 - 대왕고래

　대왕고래는 척삭동물 수염고래과에 속하는 포유류 동물로 지구 역사상 가장 거대하고 큰 동물이다. 대왕고래의 체색은 회색이며 입 안에는 검은 수염이 나 있다. 몸길이는 34m 미만이며 체중은 190톤 미만이다. 이 거대한 대왕고래가 아직까지 멸종되지 않고 살아 있다는 것 자체가 불가사의한 일이 아닐 수 없다. 이 거대한 체구를 유지하려면 끊임없이 먹이를 먹어야 하기 때문에 그야

대왕고래

말로 5대양을 누비며 먹이를 찾아다니는 것이다. 대왕고래의 수명은 100년이 넘는다. 그리고 덩치가 어마어마하게 크고 아름답다. 먹이를 찾아, 온 지구를 누비고 다니는 대왕고래는 주로 먹이가 풍부한 남극과 북극에서 자주 발견된다. 여름철에는 미국 캘리포니아 해안에서도 종종 발견된다.

대왕고래는 30톤이 넘는 지방층이 피부를 덮고 있고 혀의 무게만 3톤이 넘는다. 그리고 눈이 농구공보다 더 크다. 심장에서 나오는 대동맥은 사람이 그 안에서 수영을 할 수 있을 만큼 크고 소동맥은 작은 애완견이 자유롭게 지나다닐 수 있을 만큼 크다. 승용차 크기의 위(stomach)는 무려 1톤의 먹이를 저장할 수 있다. 그리고 대왕고래의 생식기(페니스)는 그 길이가 3m나 된다. 하지만 목구멍은 제주도에서 생산되는 한라봉 크기의 물체를 삼킬 수 있을 만큼 작은 편이다. 동물은 체구가 클수록 수명이 길다. 왜냐하면 체구가 클수록 물질대사가 느려지기 때문이다. 물론 체구가 작아도 물질대사만 느리면 장수할 수 있다. 다만 체내의 장기 크기에 비해 체구가 현저히 클 경우 오히려 장기에 부담이 가기 때문에 작은 체구를 가진 동종에 비해 수명이 훨씬 짧을 수 있다. 대왕고래는 주로 넓은 대양에 서식하기 때문에 헤엄치는 속도도 빨라 열흘 동안 4천㎞ 이상을 주행할 수 있다고 한다. 하지만 이보다 더 놀라운 것은 이렇게 빠른 속도로 수십 일 동안 계속 헤엄쳐 다닌다는 것이다(대왕고래는 시속 30km의 속도로 1시간 이상을 헤엄칠 수 있다).

대왕고래 성체는 이런 엄청난 지구력과 준수한 속도로 범고래 무리를 따돌릴 수 있다. 언뜻 보면 무척 단순해 보이는 전략으로 어떻게 범고래를 따돌릴 수 있을까? 그것은 범고래의 공격이 가능하기 위해서는 대왕고래가 속력을 늦

추거나 아예 멈춰 버려야 하기 때문이다. 설사 따라잡는다 해도 대왕고래가 너무 크기 때문에 죽일 수도 없고 또 잡아 가둘 수도 없다. 그래서 범고래는 대왕고래에 대한 공격을 포기할 수밖에 없는 것이다.

대왕고래의 몸에는 비교적 기생 동물이 없는 편이다. 입 속 양옆에는 300~400개의 검정색 고래수염판이 한 줄로 배열되어 있다.

대왕고래의 주된 먹이는 크릴인데 적어도 하루 4톤의 크릴을 잡아먹어야 한다. 현재 대왕고래의 개체 수는 1만 마리 정도이다. 멸종되지 않도록 국제적으로 잘 보호해야만 한다.

몸길이 4m의 거구 - 덤보문어

    덤보문어는 무척추동물의 연체동물 복족류에 속하는 심해 문어의 일종으로 미국 디즈니랜드의 애니메이션 주인공인 아기코끼리 덤보를 닮아서 덤보문어라는 이름이 붙여졌다.

    덤보문어는 수심 3,500m 이상의 바다 속에서 생활하는 심해 연체동물이다. 연체동물인 오징어는 열 개의 다리를 가졌고 낙지나 문어는 여덟 개의 다리를

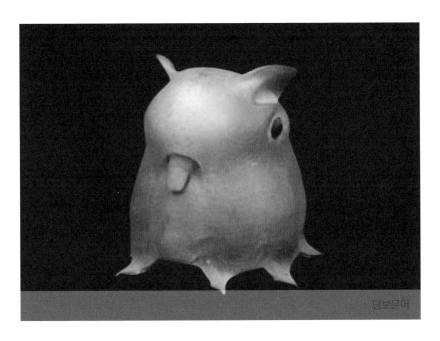

덤보문어

가졌다. 하지만 낙지나 문어의 다리는 긴데 반해 덤보문어의 다리 길이는 낙지
나 문어의 다리 길이의 반 정도밖에 되지 않는다.

덤보문어는 생긴 모양이 둥글고 오동통하여 언뜻 보면 인형이나 장난감처
럼 보인다. 일반 문어가 잘 발달된 근육으로 힘차게 헤엄친다면 덤보문어는 몸
에 작은 지느러미가 있어 가볍고도 유유하게 바닷속을 떠다닌다. 생기기는 귀
여운 인형처럼 생겼지만 실제로 덤보문어는 그 크기가 엄청나다(심해 덤보문
어의 몸길이는 4m 내외라고 한다). 그리고 원래 몸 전체가 투명하지만 주위
환경에 따라 붉은 색으로 바뀌기도 한다.

일반 문어에게는 생식완이라는 팔(교미할 때 사용한다)이 있지만 덤보문어
에게는 그것이 없고 대신에 생식기 역할을 하는 빨판이 있어 그것으로 짝짓기
를 한다. 덤보문어에게는 번식기가 따로 없다. 암수가 만나면 언제든지 산란을
할 수 있다.

덤보문어는 산란한 알을 돌보지 않는다. 그 대신 단단한 껍질을 가진 커다
란 알을 하나씩 어둠 속으로 떨구고 간다. 덤보문어의 먹잇감은 갯지렁이, 갑
각류의 등각류, 요각류인데 먹이는 잡는 즉시 통째로 삼켜 버린다. 1990년 초
에 나는 동국대학교 생물학과 교수 몇 분과 함께 약 90일 동안 미국의 국립공
원들과 캐나다의 국립공원들을 일주했다. 각자 자기 전공에 맞는 동물을 채집
하는 것이 여행의 목적이었는데 하루는 캐나다 노바스코샤 인근 해역에서 포
획된 덤보문어를 구경할 수 있었다. 너무 커서 전혀 귀엽다는 생각이 들지 않
았다.

캐나다 동부 해안, 미국 캘리포니아의 몬테레이 베이, 오스트레일리아, 뉴

기니, 파푸아, 필리핀 등 여러 곳에 분포하는 덤보문어는 심해에 서식하는 동물 중 가장 포악한 성질을 지녔으며 이빨로 무는 힘이 무려 30㎏에 달한다. 잠수부들 중에는 만져 보려고 손을 뻗었다가 손가락이 잘린 사람도 적지 않다고 한다.

덤보문어는 보통 심해에 가라앉은 사체를 파먹지만 경우에 따라서는 사냥을 하기도 한다(귀 모양의 지느러미는 진동을 감지하는 안테나 역할을 한다).

덤보문어는 몸 대부분이 한천질로 이루어져 있어 구조가 약할 뿐만 아니라 오징어나 문어처럼 먹물도 뿜어내지 못한다(오로지 먹는 것만이 유일한 낙인 것이다). 연체동물 두족류에 속하는 덤보문어는 연체동물 중 구조가 가장 잘 발달한 종으로 눈도 잘 발달되어 있다.

소처럼 풀을 뜯는 듀공(Dugong)

듀공(Dugong)은 척삭동물 바다소목 듀공과에 속하는 포유류 동물이다. 몸은 유선형으로 고래와 흡사하게 생겼다. 몸길이는 약 3m이고 드문드문 나 있는 털의 길이는 5cm 내외이다. 연안 해양 포유류의 대형 동물인 듀공은 현존하는 듀공과의 유일한 종이다.

입 주위에 있는 약 200개의 감각 털은 지름이 약 2mm이며 입술이 움직임과

두공

동시에 해초를 뜯어 입 속으로 운반하는 데 알맞게 되어 있다. 수컷의 경우 두 개의 엄니가 위턱에 나 있고 위턱의 끝은 아래로 처져 있다.

듀공은 한배에 한 마리씩 새끼를 낳는다. 두 개의 콧구멍은 머리 앞 끝 위쪽에 열려 있고 작디작은 앞다리는 가슴지느러미 같이 생겼다. 뒷다리와 등지느러미가 없고 꼬리지느러미는 수평이며 뒤쪽은 중앙이 깊게 파인 반달 모양을 하고 있다. 체색은 회색이지만 간혹 규조류가 부착되어 옅은 갈색이나 청색으로 보일 때도 있다. 피부는 두껍고 코끼리처럼 주름이 많다.

듀공은 산호초가 있는 바다에서 생활하며 단독 생활을 한다. 낮에는 오랫동안 바다 밑에 숨어 있다가 저녁부터 먹이(해초)를 찾아다니기 시작한다. 듀공은 아프리카, 말레이반도, 오키나와, 홍해, 인도양, 태평양, 오스트레일리아 등 따뜻한 바다 연안에 서식한다.

듀공은 소처럼 초식을 하는 유일한 해양 포유류이기도 하다. 1900년대에 들어 급격히 감소하여 각 나라마다 보호종으로 지정해 놓았지만 아직도 가죽, 고기, 기름을 얻기 위해 듀공을 남획하고 있는 실정이다. 세계자연보호연맹에 따르면 듀공은 멸종 위기종으로 지정되어 있긴 하지만 번식이 잘 되지 않아 보호에 어려움이 많다고 한다. 최근 멸종 위기에서 벗어난 듀공은 극소수에 불과하며 특히 일본에서는 얼마 남지 않은 듀공을 보호하기 위해 최선을 다하고 있다고 한다.

듀공의 멸종을 막기 위한 투쟁은 일본 오키나와 지역사회를 위한 부단한 노력이기도 하다. 오키나와의 얼마 남지 않은 듀공 서식지에 새로운 미군 기지와 비행기 활주로를 건설하려는 계획은 군대가 지역 주민의 '삶의 가치'와 자연

보호를 얼마나 도외시하고 있는지를 여실히 보여 주는 증거라고 생각된다. 천혜의 야생 지역과 해양 지역을 보호하는 것은 인류의 미래 도시에 대한 환경적 가치가 엄청나게 크기 때문이다. 비단 산호 지역을 망가뜨리고 매립시켜 해양 생태계를 파괴하는 것만이 듀공의 멸종에 영향을 미치는 것은 아니다. 실제로 듀공의 생명을 위협하는 것은 수많은 보트들이다. 듀공은 얕은 연안에서 살기 때문에 보트의 프로펠러에 상처를 입는 경우가 많고 이 때문에 해마다 여러 마리의 듀공이 죽어 가고 있다.

듀공은 바다 위에서 새끼를 안고 젖을 먹이는 것이 특징이다.

신기하고 별난 녀석들

밤만 되면 잠드는 미모사

미모사는 건드리자마자 금방이라도 시들어 버릴 것처럼 움직이는, 신경이 아주 예민한 식물이다. 그래서 미모사를 신경초라고도 한다.

미모사는 피자식물의 쌍떡잎식물로 콩과 식물의 일종이다. 열대성 식물로 브라질이 원산지인 미모사는 열대 지방에서는 다년생이지만 우리나라에서는 1년생이다. 월동을 못하기 때문이다.

미모사

미모사는 밤이 되면 건드리지 않아도 마치 시들어 버린 것처럼(또는 잠을 자는 것처럼) 보여 잠풀이라고도 한다. 매년 우리 박물관에서도 교육용 및 관람용으로 미모사를 키우는데 건드리면 '마치 시든 것처럼 움직이는' 식물을 보고 관람객들이 큰 흥미를 느낀다.

미모사는 식물체 전체에 잔털과 가시가 있고 크기는 30~50cm 정도다. 잎은 아카시아잎의 축소형으로 어긋나고 긴 잎자루가 있으며 보통 네 장의 깃꼴겹잎이 손바닥 모양으로 배열되어 있다. 작은 잎은 줄 모양이고 가장자리가 밋밋하며 턱잎이 있다. 꽃은 7~8월에 연한 분홍색으로 피는데, 꽃대 끝에서 두상꽃차례로 모여 핀다. 꽃잎이 네 개로 갈라져 있고 네 개의 수술은 길게 밖으로 나와 있다. 암술은 한 개이며 암술대는 실 모양으로 길게 뻗어 있다. 열매는 작고 마디가 있으며 겉에 털이 있고 세 개의 씨가 들어 있다. 잎을 건드리면 마치 시든 것처럼 아래쪽으로 처진다. 밤에도 마찬가지로 잎이 처지고 오므라든다.

생물학적으로는 이런 현상을 팽압운동이라고 한다. 한방에서는 뿌리를 제외한 식물체 전체를 함수초라 하여 약재로 쓰고 있다. 즉 장염이나 위염, 신경쇠약으로 인한 불면증, 신경과민으로 인한 안구 충혈과 동통에 효과가 있으며 특히 대상 포진에 걸린 경우 미모사를 짓찧어 환부에 붙이면 효과가 크다.

그리스 신화에도 미모사가 등장한다. 미의 여신 아프로디테도 질투할 만큼 아름다웠던 미모사 공주는 미모뿐 아니라 춤과 노래 실력도 뛰어났다. 이 때문에 미모사는 매우 교만하고 건방졌으며 겸손이라는 것을 몰랐다. 부왕이 이러한 미모사의 태도를 항상 꾸짖었으나 공주는 부왕의 질책을 들을 때마다 토라지곤 하였다. 그러던 어느 날 부왕이 미모사에게 "네가 무엇이 그리 잘 났느냐?"라고 물었다. 그러자 미모사는 자신의 미모와 실력이 최고라며 자랑을 했고 이에 부왕이 "그러한 것들이 최고라고 생각하는 네 마음가짐이 제일 더럽다"라고 꾸짖자 미모사는 화를 내며 왕궁 밖으로 뛰쳐나갔다. 왕궁 밖을 거닐며 화를 식히고 있던 미모사는 어디선가 들려오는 리라 소리를 듣게 되었다. 자신은 흉내조차 낼 수 없는 아름다운 선율에 이끌린 미모사는 마침내 시를 읊는 소리를 듣게 되었는데 그 소리 역시 자신이 따라 할 수 없으리만치 아름다웠다.

질투심과 호기심에 휩싸인 미모사는 소리가 나는 곳으로 뛰어갔고 그곳에서 양치기 옷을 입은 한 명의 소년과 아홉 명의 소녀를 발견했다. 소년은 눈을 지그시 감은 채 시를 읊고 있었고 주위에 앉아 있는 아홉 명의 소녀는 시 읊는 소리에 맞춰 리라를 타고 있었다. 그런데 그 소녀들의 모습이 미모사의 모습과는 비교도 안 될 만큼 아름다웠다.

난생처음 부끄러움과 창피함을 느낀 미모사는 그 자리에서 어쩔 줄 몰라 하다가 눈을 뜬 소년과 시선이 마주쳤다. 소년의 영롱한 눈을 바라본 미모사는 부끄러워 어쩔 줄 몰라 하다가 한 포기의 풀로 변해 버렸다.

풀로 변한 미모사를 측은히 여긴 소년은 미모사의 몸을 어루만지려 했다. 하지만 소년의 손이 몸에 닿자 미모사는 더욱 부끄러워하며 몸을 있는 대로 움츠리고 말았다. 소년은 아폴론이었고 아홉 명의 소녀는 무사이 여신들이었다.

결론을 말하자면, 우리는 항상 겸손해야 하고 근검절약하며 살아야 한다는 것이다.

새똥처럼 생긴 새똥거미

새똥거미는 왕거미과의 일종으로 우리나라에서는 큰새똥거미, 민새똥거미, 흰띠새똥거미(거문새똥거미), 붉은 새똥거미의 4종이 발견되었다. 이 중에서 민새똥거미는 내가 한국에서 처음 발견한 것이다.

1980년대 중반에 문화재청의 요청으로 고수동굴을 학술적으로 조사하기 위해 현지에 갔는데 낮에는 관람객들이 많아 조사, 관찰할 수가 없어 야간 조사를 하기로 했다. 조사가 끝나니 새벽 3시가 좀 지나 있었다. 나는 민박집에 부탁하여 민물고기 매운탕을 끓여 달라고 했다. 소주나 한잔하고 잠자리에 들 생각이었다. 소변 볼 일이 있어 민박집 근처 한적한 곳을 찾아 소변을 보고 있는데 나뭇잎 뒤에 달팽이 모양의

큰새똥거미

벌레가 붙어 있어 잡아 보니 그것이 바로 민새똥거미였던 것이다. 그 당시의 쾌감은 이루 말할 수가 없었다. 소변을 해결하고 나니 시원함과 더불어 온몸에 전류가 흐르듯 전율이 흘렀다.

여기서는 큰새똥거미를 위주로 말하고자 한다. 미국이나 일본의 거미학자 친구들이 큰새똥거미의 생태와 거미그물 구조가 궁금하다고 말을 하면서도 좀처럼 시간을 낼 수 없다고 했다. 그래서 내가 그 일을 해 보기로 결심했다.

8월의 어느 무더운 여름날, 소백산 주변의 동굴들을 답사하던 도중 큰새똥거미를 30마리 채집하여 거미박물관 주변에 방사시켜 놓고 매일 관찰, 조사하였다. 30일간 매일 밤 큰새똥거미의 생태와 거미그물 구조를 관찰한 것이다.

큰새똥거미는 매일 해가 지고 어두워질 무렵 줄을 치고 그 다음날 새벽 먼동이 틀 무렵 자기가 쳐 놓은 거미그물을 다 먹어 치우고는 안전실 한 가닥만

큰새똥거미 알집

남겨 놓은 채 낙엽 활엽수의 뒷면에 숨어 낮 동안 휴식을 취한다. 옻나무잎이나 붉나무잎의 뒷면에 마치 달팽이나 사마귀 얼굴 같은 모양을 하고 가만히 붙어 있는 것이다. 가끔은 밤나무, 참나무, 칡덩쿨 잎에 붙어 있기도 한다. 왕거미들의 거미그물 대부분이 수직이지만 큰새똥거미는 수평으로 엉성하게 대형 동심원의 원형 그물을 쳐 놓고 모기 등 작은 곤충들을 잡아먹는다.

1985년에 나는 <한국산 큰새똥거미의 거미줄에 관한 생태학적 고찰>이라는 논문을 발표하여 국내 학계에서 큰 찬사를 받은 바 있다. 내 눈에는 달팽이 같아 보이지만 다른 사람들의 눈에는 새똥으로 보여 큰새똥거미라는 이름이 붙여진 것이다(관찰하는 사람의 눈에 따라 서로 다르게 보이는 것이 사실이다).

큰새똥거미의 거미줄은 아주 질기고 튼튼하다. 게다가 거미줄의 끈끈한 액이 워낙 끈적끈적하여 곤충들이 살짝 스치기만 해도 잘 달라붙는다.

재미있는 것은 먼동이 틀 무렵 자기가 쳐 놓은 거미줄을 다 먹어 치운 다음 초저녁 어둠이 시작되면 다시 줄을 치는데 새벽에 자신이 먹어 치운 거미줄 중 50% 정도를 재활용하여 다시 거미줄로 재생산한다는 것이다. 알집은 항아리 모양으로 되어 있으며, 어미는 2~8개 정도의 알을 산란한 다음 그 곁에서 끝까지 보호하다가 일생을 마친다. 알집 하나에 200~300개 정도의 알이 들어 있다.

거미줄은 실이 몸속에서 나오는 것이 아니고 액체 단백질이 실샘의 가는 구멍을 통해 나와 공기와 만나는 즉시 굳어져 실 모양으로 되는 것이다. 단백질이 주성분인 거미줄은 상온에서 잘 늘어나며, 이 때문에 거미줄을 절단하기 위해서는 일반 생물 소재를 절단할 때보다 10배나 많은 에너지가 필요하다.

캐나다 브리티쉬 컬럼비아 대학의 고슬린 교수는 거미줄이 단백질로 된 고무질이며 고무와 같은 열역학적 특성을 지니므로 상온에서 절단하는 것이 매우 어렵다는 것을 밝혀냈다.

고슬린 교수는 거미줄이 수분을 흡수해 늘어나기 쉽게 되었을 때 외부로부터 가해진 에너지는 구조상의 엔트로피(entropy, 동일성의 정도) 변화로 보존된다. 이와 같은 성질은 고무와 같이 역학적으로 자유로운 폴리머(중합체)가 아무렇게나 네트워크를 구성할 수 있는 소재의 특색이다.

자꾸만 잊어버리는 식망증(食忘症) 동물

인간에게는 건망증이나 치매 현상이 일어날 수 있다. 건망증은 단순한 기억 오류에 의해 나타나는 증상이지만 치매는 기억뿐만 아니라 판단력과 사고력에도 문제가 생기고 또 자신도 모르게 성격까지 변하게 되는 매우 위험한 질병이다. 나이를 먹어 뇌신경이 퇴화하면 일시적으로 기억력이 저하되어 건망증이 나타난다(극심한 스트레스가 원인이 되기도 한다). 하지만 매사에 긍정적으로 대처하고 능동적으로 활동하면 건망증 예방은 물론 기억력 향상에도 도움이 될 것이다.

반면에 치매는 기억했던 것 자체를 아예 잊어버리는 것을 말한다. 치매 환자의 경우 후천적으로 뇌 기능 자체가 손상되기 때문에 인지 기능이 저하되고 이상 행동을 보이게 된다.

동물의 경우 인지 능력은 물론 지능 자체도 낮기 때문에 건망증과 치

염소

매에 대해 논할 수 없을 것이다. 하지만 자신이 한 행위, 그것도 방금 이루어진 행위를 기억하지 못하는 동물도 있다. 그 대표적인 예로 칠면조와 염소를 들 수 있다.

젊은 시절 목장 경영을 꿈꾸었던 나는 30대 초반에 경기도 양주군 회천면 소래산 동쪽 기슭에 5만여 평의 산과 논밭을 매입해서 몇 년 동안 돼지, 염소, 칠면조 등을 사육했다. 그때 나는 염소 사육에 관한 지식을 많이 얻었던 것 같다.

염소는 소과에 속하는 초식성 동물이다. 체색은 검은색, 갈색, 흰색이고 어깨 높이는 1m 내외이며 체중은 수컷이 80kg 내외, 암컷은 50kg 내외이고 임신 기간은 150일 내외이다(한 번에 한두 마리의 새끼를 낳는다). 염소는 물을 아주 싫어한다. 그리고 수컷이 우두머리가 되어 무리를 이끈다. 특히 주의해야 할 것은, 먹이가 많은 초지에 하루 종일 풀어 두면 안 된다는 것이다. 왜냐하면

칠면조

염소는 방금 풀을 뜯었다는 사실을 까맣게 잊은 채 계속 먹어 대기 때문이다. 이런 현상이 바로 식망증(食忘症)이다.

염소의 위는 반추위, 즉 혹위, 벌집위, 겹주름위, 주름위로 이루어진 위이다. 따라서 하루 종일 풀을 뜯게 되면 반추위의 작용이 멈춰 그대로 죽고 만다(배를 가르면 반추위 속에 풀이 가득 차 있는 것을 볼 수 있다). 그래서 매일 오전과 오후 한두 시간씩 풀을 뜯긴 후에는 더 이상 풀을 뜯기지 말아야 한다.

칠면조도 식망증 동물이다. 나는 칠면조도 많이 키워 봤는데, 사료를 주는 대로 다 받아먹고는 그날 저녁이나 다음날 아침에 죽어 있는 칠면조를 여러 번 본 적이 있다. 배가 부르면 그만 먹어야 하는데 계속 먹어 대는 것이다. 왜 그럴까? 그 이유는 사료를 먹었다는 사실을 기억하지 못하기 때문이다.

인간의 경우 노화 현상으로 인해 대뇌에 이상이 생겨 건망증이나 치매가 오지만 동물은 그렇지 않은 경우가 대부분이다.

머리는 오리, 몸은 너구리 – 오리너구리

진화론적으로 참 애매한 동식물이 많다. 척추동물의 진화 과정은 원구류, 어류, 양서류, 파충류, 조류, 포유류 순으로 진화되었지만 오리너구리(오리주둥이, duckbill)는 편의상 포유류 단공류에 포함되어 있다. 오리너구리의 몸길이는 40cm 내외이고 꼬리길이는 12cm 내외이다.

머리 부분은 조류인 오리를 닮았고 몸은 포유류인 너구리를 닮았다. 하지만

오리너구리

오리너구리는 난태생을 하는 동물로서 전 세계적으로 오스트레일리아 동부지역과 태즈맨니아 섬에만 서식하는 특이한 동물이다. 오리너구리는 바늘두더지와 함께 가장 원시적인 포유류로 간주된다. 정확히 말하면 조류와 포유류의 중간에 해당한다. 오리너구리는 암컷이 수컷보다 작다. 몸은 굵고 통통하며 꼬리는 길고 편평하다. 네 다리는 짧고 발은 폭이 넓으며, 다섯 개의 발톱이 있고 오리처럼 물갈퀴가 발달했다. 앞발의 큰 물갈퀴가 발가락보다 앞쪽으로 나와 있어 걸을 때 물갈퀴를 접어서 걷고 뒷발의 작은 물갈퀴는 발가락 끝에 붙어 있다. 수컷의 발뒤꿈치에는 며느리발톱처럼 속이 빈 가시가 있는데 독샘과 연결되어 있어 독액을 뿜어낸다. 주둥이는 오리 주둥이처럼 납작하고 폭이 넓다. 털은 없지만 민감하고 부드러운 피부로 덮여 있다. 주둥이 앞끝 위쪽에 난원형의 콧구멍이 열려 있다. 작은 눈은 머리 앞쪽에 있고 그 뒤쪽에는 귓바퀴 없이 귓구멍만 뚫려 있다. 온몸이 마치 양털처럼 짧은 털로 덮여 있고 윗면은 회갈색, 아랫면은 윗면보다 밝은 (은빛 광택이 나는) 황갈색이나 회백색이다. 폭이 넓은 구강 안쪽에는 다람쥐처럼 볼주머니가 있다. 이빨은 자라는 과정에서 없어지는데 어미가 되면 아래턱과 위턱에 있는 두 쌍의 골질판이 이빨 구실을 한다. 평지에서는 2km 내외까지 분포하여 살지만 개구리처럼 육지와 물에서 동시에 산다. 주로 새벽이나 해질 무렵에 활발히 활동한다. 주된 먹이로는 지렁이, 새우, 가재류, 다슬기, 수서곤충 등이 있다. 예민한 촉각을 가진 주둥이로 물 밑에 사는 동물을 찾아내고, 잡은 먹이는 볼주머니에 저장한다. 특히 먹이를 잡을 때는 카이로몬(kairomone)으로 추적해 잡는다. 하천이나 호수 근처에 굴을 파 그 속에 들어가 살며 암컷은 지름 2cm 내외의 흰색 포도알처럼 생긴 알을 두 개 정도 낳는다. 7~10월 중순까지 연 1회 산란한다. 포란 기간은 7~10일이며 부화한 새끼는 눈도 뜨지 못한 채 알몸으로 부화하여 암컷 복부의 주름진 피부에서 스며나오는 젖을 핥아 먹으며 성숙한다. 젖을 핥아 먹은 지 약 4개월이 지나면 엄마 곁을 떠나 독립한다.

다슬기의 공격

1990년 6월 하순, 폭우가 한바탕 쏟아진 후의 일이었을 것이다. 경기도 남양주시 조안면 진중리 진중천에서 조곡부락으로 가는 길 중간 지점에 큰 뽕나무 한 그루가 서 있었고 그 아래쪽 개울가에는 큰 바위가 놓여 있었다. 뽕나무에는 까맣게 익은 오디가 먹음직스럽게 달려 있었고 오디를 따 먹기 위해 바위 위로 올라가던 나는 우연히 개울 속을 들여다보게 되었다. 그런데 바로 그때 모래무지 한 마리가 헤엄쳐 와서는 바위 밑 모래 속으로 몸을 숨기는 것 아닌가? 그 모습이 신기하게만 보였던 나는 오디 따 먹는 일은 까맣게 잊은 채 모래무지를 관찰하기 시작했다.

모래 속에 파묻힌 모래무지는 눈만 말똥거리고 있었다. 그런데 바로 그때 내가 서 있는

다슬기

바위 아래쪽에서 다슬기 한 마리가 모래무지를 향해 수직으로 떨어졌다. 하도 신기해서 바위 밑을 살펴보니 수많은 다슬기가 바위 밑에 붙어 있었다. 다슬기들은 계속해서 모래무지를 향해 떨어졌다. 다슬기의 행동을 유심히 관찰한 결과 무척 흥미로운 사실을 발견할 수 있었다. 맨 처음에 떨어진 다슬기는 모래무지의 꼬리 지느러미 근처에 달라붙었고 그 다음에 떨어진 녀석은 가슴지느러미와 등지느러미에 달라붙었다. 꼼짝도 못하게 된 모래무지는 그야말로 산송장이 되다시피 했다. 다슬기에게 뜯어먹힌 모래무지는 순식간에 처참한 몰골로 변해 버렸다(척추뼈와 갈비뼈 그리고 머리 부위의 눈만 남아 있었다).

연체동물 복족류의 한 종류로서 난태생에 자웅이체인 다슬기는 하천, 호수 등 물이 깊고 물살이 센 곳의 바위틈에 붙어 산다. 껍데기 높이 2.5cm, 지름 0.8cm가 보통 크기이지만 아주 큰 것은 6cm에 달하는 것도 있다. 생태계에서는 달팽이류, 다슬기와 함께 생물의 깃대종인 반딧불이 유충의 먹이로 알려져 있다. 하루살이처럼 구강이 퇴화한 반딧불이 성충은 수분만 섭취하지만 유충 시기에는 육식을 한다. 다슬기가 주로 먹는 것은 바위 위에서 왕성히 자라는 물이끼이다(다슬기 성체는 잡식성이다).

폐디스토마의 중간 숙주가 되는 다슬기는 날로 먹지 말고 반드시 익혀 먹어야 한다. 황갈색의 껍데기 표면에는 두 개의 적갈색 띠가 있으며 개체 변이가 매우 심하다. 다슬기는 추어탕이나 해장국의 재료로 많이 사용된다.

다슬기가 모래무지를 공격하는 장면을 비디오 카메라에 담지 못한 것이 두고두고 후회된다.

매미의 인내심

매미는 매미과에 속하는 불완전 변태 곤충으로 한여름 며칠 동안 울기 위해 6~7년을 어두운 땅속에서 나무 진액을 빨아먹으며 인고의 세월을 보낸다. 7년째 되는 해에 나무 위로 올라와 탈피를 한 후 보름 동안 짝짓기를 하기 위해 수컷은 그렇게 애달피 울었나 보다. 암컷은 울지 않기 때문에 벙어리 매미라고도 한다.

참깽깽매미

수컷은 배 아래쪽 윗부분에 있는 특수한 발성 기관으로 소리를 내지만 암컷은 발성 기관이 없어 소리를 내지 못한다.

대부분의 매미는 빛의 세기에 따라 우는 때를 달리한다. 예를 들면 일본의 저녁매미는 약간 어두운 새벽이나 저녁에 우는데 경우에 따라서는 흐린 날 낮에 울기도 한다. 애매미는 주로 낮에 울지만 새벽부터 저녁까지 우는 경우도 있다. 수컷 매미가 우는 것은 오직 종족 번식, 즉 암컷을 유인하기 위해서이다. 매미의 천적으로는 거미, 사마귀, 말벌 등이 있다.

인간이 만물의 영장이라는 존엄성을 내세우지만 알고 보면 우리 인간만큼 나약한 동물도 없을 것이다. 위대한 자연 앞에서 우리 인간은 그저 나약한 존재라는 것을 뒤늦게 깨닫게 된다. 북적대는 시끄러운 인간사 속에서 그렇게 아옹다옹하며 살아간다는 것이 어떻게 보면 굉장히 부끄러운 일이기도 하다. 한여름에 자신의 임무를 완수하기 위해 며칠 동안 끝도 없이 울어 대는 매미와 한 해 여름을 위해 몇 년이고 땅속에서 인내하며 기다리는 매미의 유충(굼벵이) 그리고 탈피된 굼벵이 껍질을 보면서 많은 생각을 하게 된다.

폭염이 기승을 부리는 여름 한낮에 시끄럽게 울어 대는 매미소리를 들으면 여름이 왔다는 것을 실감하게 된다. 매미는 옆에 있는 사람과 대화를 나눌 수 없을 정도로 시끄럽게 울어 댄다. 나무에 붙어 있는 매미들은 완벽한 코러스로 합창을 한다. 합창을 하는 이유는 무엇일까? 각자 따로 울면 자기의 위치가 노출되어 천적들에게 위험하기 때문일 것이다. 아파트 단지 주위에서는 매미가 밤새 쉬지 않고 울어 대는 탓에 수면 장애까지 일으키게 된다. 매미는 한여름 밤의 정취를 느끼게도 해 주지만 시끄러운 소리에 스트레스를 받는 사람도 많다.

매미는 그 종류에 따라 울음소리가 다르다. 우리나라에서는 약 18종의 매미가 학술적으로 연구되어 있다. 거미박물관 동물표본실에도 10여 종의 매미 표본이 소장되어 있다.

녹용과도 안 바꾸는 부추

부추(정구지)는 백합과에 속하는 외떡잎 식물로 다년생이다. 부추에 대한 이야기는 학술적인 이야기보다는 유래에 관해 중점적으로 이야기하고자 한다. 부추 잎은 비늘 중기에서 가늘고 길며 좁은 선 모양의 잎이 모여 나는데 잎의 모양은 편평하고 색깔은 녹색이며, 육질은 연약하고 부드럽다. 꽃은 7~8월에 피는데 잎 사이에서 길이 40cm 되는 꽃줄기가 자라 그 끝에 흰색의 작은

부추

육판화가 조밀하게 산형꽃차례로 달려 핀다. 꽃의 지름은 7mm 내외이고 수평으로 퍼지며 작은 꽃자루가 달려 있다. 꽃덮이 조각과 수술은 각각 여섯 개씩이고 꽃밥은 황색이다. 부추는 8~9월에 거꾸로 된 심장 모양의 삭과를 맺는데 익으면 터져서 여섯 개의 까만 씨가 나온다.

옛날 어느 두메산골에서 한 노승이 길을 가고 있었다. 그런데 노승 앞에서 죽음의 기운이 하늘을 향해 솟구쳐 그 기운을 따라가다 보니 허름한 초가집 앞에 다다르게 되었다. 노승이 목탁을 치며 탁발을 하기 위해 염불송경을 하였더니 안주인이 나와 시주를 하는데 안색이 좋지 않을 뿐만 아니라 수심이 가득 찬 얼굴이었다. 노스님이 부인에게 무슨 큰 근심이 있느냐고 묻자 부인이 "남편에게 오랜 병환이 있어 큰 걱정입니다"라고 대답했다. 노스님이 안주인의 안색을 살펴보니 안주인의 강한 음기(陰氣)가 문제였다. 즉 부인의 강한 음기에 남편의 양기(陽氣)가 다 빠져 버려 생긴 병이었다. 노스님은 잠시 주변을 살펴보더니 담벼락 밑에서 무성하게 잘 자라는 풀을 뽑아 보이며 "이 풀을 심어 잘 가꾸세요. 나중에 이 풀로 반찬을 만들어 먹이면 남편의 병이 감쪽같이 나을 것입니다"라고 일러 주고는 곧바로 사라졌다. 부인은 노스님이 시키는 대로 그 풀을 잘 가꾸었고 그 풀로 반찬을 만들어 지극 정성으로 남편에게 먹였다. 그랬더니 신기하게도 남편이 점차 기운을 회복하기 시작했다. 남편은 오래지 않아 완쾌되어 왕년의 정력(精力)을 회복했다. 부인은 온 마당에, 심지어 기둥 밑까지 파헤쳐 그 풀을 심었다. 부인은 집이 무너지는 것 따위는 걱정도 하지 않고 이 기둥 저 기둥 밑을 파헤쳐 풀을 심었다. 그런 식으로 한참의 세월이 흘렀고 결국에는 집 안의 온 기둥이 흔들려 집이 무너지고 말았다. 이 영험한 풀의 이름은 '집을 부수고 심은 풀'이라는 뜻의 '파옥초(破屋草)'. 바로 이것이 오늘날 '부추'라는 이름으로 불리게 된 채소에 얽힌 전설이다.

예로부터 부추는 '부부간의 정을 오래도록 유지시켜 준다' 하여 정구지(精久持)로 불렸다. 심지어 "봄 부추는 녹용과도 바꾸지 않는다"라는 말도 있다. 부추는 체력이 떨어져 잠자리에서 식은땀을 흘리고 손발이 쉽게 차가워지는 사람 그리고 배탈이 자주 나는 사람에게 좋다.

소나무의 천적 – 흰개미

    절지동물인 흰개미는 흰개미목에 속하는 곤충으로 우리가 말하는 일반 개미와는 전혀 다르며 오히려 바퀴벌레와 비슷한 조상으로부터 진화했다.

    해충으로 분류되는 흰개미는 현재 살아 있는 바퀴벌레들 가운데 가장 원시적인 크립토케르쿠스속 곤충과 유사하다. 1,900여 종 대부분이 열대 지역에 분포하지만 원목이나 목제품이 선박이나 비행기로 수송될 때 함께 이동하여

흰개미

세계 여러 나라로 퍼지게 되었다. 우리나라에서는 목조 건물이 많은 사찰에 주로 서식하는데 특히 소나무가 큰 피해를 입고 있다(피해를 줄이기 위해 시급한 방제 대책이 필요하다).

흰개미는 경계가 뚜렷한 '계급 사회 군집 생활'을 한다. 군집 생활을 하는 흰개미의 3계급 체계는 생식만을 전담하는 왕과 여왕흰개미 계급, 일흰개미 계급, 병정흰개미 계급으로 구성되어 있다. 개미와 달리 암수가 동수이며 완전히 발달한 생식기관을 갖는 것은 왕과 여왕흰개미뿐이다. 하나의 군집에는 보통 한 쌍의 왕과 여왕이 있다.

흰개미는 단단하고 색깔이 있는 몸과 겹눈 그리고 날개를 가졌다. 하지만 분산 비행 후에는 날개가 사라진다. 왕의 몸길이는 2㎝ 미만이고 여왕은 산란을 시작하면 배가 커져 11㎝까지 몸길이가 늘어난다. 일흰개미와 병정흰개미는 자식을 낳지 못한다.

군집 내에서 개체수가 가장 많은 일흰개미는 앞을 보지 못하는 장님으로 흰색에 가까운 체색과 저작형 구기를 갖는다. 장님인 것은 병정흰개미도 마찬가지다. 병정흰개미는 종에 따라 발달한 아래턱이나 화학적 수단으로 둥지를 지키며 외적을 막는다.

흰개미는 뚜렷한 유충-번데기-성충 과정을 거치지 않고 약충이 탈피하는 점진적 변태를 한다. 군집 사회의 초기 단계에서는 약충이 일흰개미나 병정흰개미로 성장하여 완전히 자리 잡아야만 날개 달린 왕과 여왕이 나타난다.

흰개미는 주로 나무의 목질부를 먹는데 이때 셀룰로오스를 소화, 분해하기 위해 장내의 원생동물과 공생관계를 유지한다. 둥지 안의 배설물 덩이에서 균류를 배양하고, 균류가 증식하면 그 둥지를 파괴해 균류를 다시 이용하게 되니 결국 흰개미는 균류와 배설물 덩이를 이용해 자신의 식량을 보충하는 것이다. 보통 흰개미는 땅속의 목재 속에 집을 만들지만 개미탑으로 불리는 지상의 집도 만든다.

1994년 여름방학 때 오스트레일리아로 80여 일간 거미 채집을 갔을 때 나는 숲 속에 있던 여러 종류의 개미탑을 보고 놀라움을 금할 수 없었다. 개미탑 중에는 높이 6m에 바닥면 지름이 4m에 달하는 대형 개미탑도 있었고 또 그 모양도 매우 다양했다. 개미탑은 땅속에 통로와 방을 만든 후 남은 흙이나 모래, 나뭇조각에 침과 배설물을 섞어 굳혀 놓은 것이었다. 내부 통로는 미로로 되어 있었고 중앙에 축대, 균실 등이 있었으며 공기 유통이 잘 되도록 구멍도 나 있었다.

불침 쏘는 불개미

절지동물인 불개미는 불개미류에 속하는 중형종 개미로 개체수가 적은 종은 아니지만 높은 산에 살기 때문에 우리 주변에서는 쉽게 찾아볼 수 없다. 불개미의 성숙한 군체는 20만~30만 마리의 일꾼개미로 구성되어 있으며 일꾼개미의 크기도 아주 다양하다. 불개미의 특징은 개미집 근처에서 침엽수 잎을 이용해 개미집 위로 1m 정도의 탑을 쌓는다는 것이다.

불개미

불개미라는 이름이 붙여진 이유는 첫째, 머리와 가슴이 붉은색을 띠기 때문이고 둘째, 불개미집을 건드리면 수만 마리의 불개미가 개미산을 찔러 넣어 마치 불에 덴 것처럼 아프기 때문이다. 불개미의 개미산은 그 농도가 일본왕개미의 개미산보다 20배나 높다.

불개미집 외부에 노출되어 있는 둥지의 높이와 폭은 약 35㎝이고 지하 역시 여러 개의 터널이 30㎝ 깊이로 뻗어 있다. 이런 터널은 주로 물을 공급받을 수 있는 수원과 연결되어 있다. 둥지 중간의 '복잡하게 연결된 방들'은 음식이나 꿀을 저장하는 곳이다. 둥지 측면에 방사상으로 뻗어 있는 터널들은 포식 사냥을 하기 위해 드나드는 출입구로 약 10m 정도까지 뻗어 있다.

여왕개미의 수명은 약 10년이고 일개미의 수명은 1년 정도이다. 불개미의 군체 확산은 주로 잔디, 정원수 등을 운반할 때와 도로, 송유관, 전기선, 전화선, 건설 장비 등을 운반할 때 이루어진다. 가령 교미 비행을 마친 여왕불개미는 자동차나 수영장 같은 '반사되는 표면'을 좋아하기 때문에 트럭이나 철도, 트레일러에 올라타고 수백 마일을 이동하기도 한다. 불임 노동 계급인 일개미들 중에는 일본왕개미와 달리 병정개미가 없으며 크기 역시 영양 상태에 따라 차이는 있지만 대부분 비슷하다(여왕개미의 경우도 마찬가지다).

봄이나 가을에 조건이 맞으면 6개월 내지 8개월 정도의 성숙한 군체에서 교미 비행이 일어난다. 이 성숙한 군체들은 교미 비행에 참가한 수많은 '날개 달린' 수컷과 장차 여왕이 될 암컷 새끼를 생산한다. 식성은 잡식성이며 먹성이 좋아 곡물류, 곤충의 시체, 꽃의 꿀 등 다양한 것들을 먹는다.

밟혀도 죽지 않는 민들레

쌍떡잎식물인 민들레는 국화과에 속하는 다년생 초본 식물로 마당, 길가, 들판에 분포하여 자란다(민들레는 원줄기가 없는 식물이다). 민들레는 지표면에 착 달라붙어 자라기 때문에 안질방이라고도 한다.

거미 연구로 친해진 나의 일본 친구가 한국에는 '담보뽀'가 많으냐고 묻길래 담보뽀가 뭐냐고 반문했다. 그랬더니 그 친구가 도감 하나를 펼치며 설명

민들레

하는데 자세히 살펴보니 민들레였다. 그래서 내가 "이건 아주 흔한 식물이다"라고 했더니 그 친구는 "이걸 좀 많이 구해 줄 수 있을까?"라고 부탁했다. 내가 왜 그러느냐고 묻자 친구는 자기 부인이 간이 좋지 않아서 그런다고 했다. 나는 민들레를 구해 그 친구에게 여러 차례 보내 주었고 친구는 크게 효험을 봤다며 감사의 인사를 전해 왔다.

민들레 잎은 모여 나는 잎으로 30㎝ 미만의 방사선형을 하고 있으며 가장자리가 15개 내외의 열편으로 깊게 갈라지고 털이 약간 있으며 톱니가 있다. 4~5월에 피는 두상화는 지름이 5㎝ 내외로 옅은 황색 또는 흰색을 띠고 있다. 꽃이 지고 나면 열매는 원형의 백색이 되어 바람이 불거나 건드리면 날아가 버린다. 바로 이것이 자손을 퍼뜨리는 방식이다.

거미박물관을 견학하러 온 학생들은 박물관 관람보다는 민들레의 관모상인 씨앗이 달린 줄기를 꺾어 멀리 날려 보내는 데 관심이 많다. 그 모습을 지켜보고 있노라면 정말 시간 가는 줄 모른다.

민들레의 어린 잎이나 뿌리는 식용으로 나물을 해 먹는다. 그리고 그 연한 잎으로 쌈을 싸 먹어도 좋고, 데쳐서 나물을 해 먹거나 된장국을 끓여 먹어도 좋다. 뿐만 아니라 생즙을 내서 마셔도 좋고 또 꽃을 튀기거나 말려서 그것으로 차를 끓여 마셔도 좋다. 뿌리를 기름에 튀겨 먹거나 뿌리로 전을 붙여 먹어도 좋고 전초로 김치를 만들어 먹어도 좋다.

뿌리가 땅속 깊이 자라기 때문에 짓밟혀도 잘 죽지 않으며 줄기가 부러지면 우유빛 액체가 나온다. 그 액체가 아주 써서 민들레를 고채(苦菜)라고도 한다. 또한 이른 봄의 들판을 노랗게 물들여 만지금(滿地金)이라고도 부른다.

애국 시인 이상화의 <빼앗긴 들에도 봄은 오는가>에 인용된 '맨드라미'는 민들레의 사투리라고 한다. 최근에는 외국산 민들레가 많이 수입되고 있다. 이렇게 동식물의 수입종이 많이 보급되고 있으니 장차 한국의 생태계가 어떻게 변할지 걱정이다. 가능한 한 국내 고유종이 잘 보존될 수 있도록 해야 할 것이다.

속 좁고 질투심 많은 양(Sheep)

양(sheep)은 척삭동물 소과에 속하는 포유류 동물로 흔히 집에서 키우는 양과 야생의 양을 통틀어 양이라고 한다(원래 양은 야생종을 가축화한 것이다).

일반적으로 양은 겁이 많은 동물이고 또 무리 지어 다니며 정신없이 동분서주하는 동물이다.

특히 개, 늑대 같은 동물을 보면 본능적으로 공포를 느끼기 때문에 개를 이

용한 양몰이가 가능한 것이다. 잎만 뜯어먹는 다른 가축들과 달리 양은 줄기 껍질이나 풀뿌리까지 뽑아 먹기 때문에 한곳에 계속 머물거나 목축지가 협소할 경우 생태계가 급속히 파괴된다. 유목민이 양과 염소를 섞어 키우는 이유 중 하나는, 무리의 리더인 염소가 풀을 대충 뜯어먹고 다른 곳으로 이동하면 양 떼가 덩달아 움직여 결과적으로 목초지의 수명이 연장되기 때문이다(천적인 늑대가 나타나도 양 떼는 염소 주변으로 모여든다).

양은 포유류 동물 중에서 몸집에 비해 뇌가 가장 큰 동물이다. 게다가 양의 지능은 까마귀나 앵무새 수준이라고 한다. 양은 지능이 낮은 멍청이가 아니다. 연구 결과 양은 한 번 본 사람의 얼굴을 기억할 수 있고 또 표정으로 감정을 구별할 수 있는 것으로 나타났다. 착하고 화를 잘 안 내는 사람을 흔히 '양처럼 순한 사람'이라고 말한다. 그만큼 양의 성격이 온화하고 착하다는 말이다. 하지만 양의 성격이 그렇게 착하고 온순한 것은 아니다. 우리는 고집이 세고 제멋대로 행동하는 양, 그래서 주인을 난처하게 만드는 양을 자주 보게 된다.

양에 관한 흥미로운 이야기가 있다. 양의 가장 큰 자랑거리는 자기 몸에 난 털이다. 그런데 이 양들이 무더운 여름에는 서로 붙어 겹쳐 자고 추운 겨울에는 각기 흩어져 잔다고 한다. 무더운 여름에는 다른 양들이 더위에 쪄 죽으라고 그렇게 하고(자고 나면 밑에 있던 녀석이 죽어 있는 것이다!) 추운 겨울에는 다른 양들이 따뜻하게 자는 것이 배가 아파서 그렇게 한다는 것이다(서로 붙어 자면 모두가 따뜻하게 잘 수 있을 텐데 말이다).

양은 속이 좁고 질투심이 많은 동물이다. 겨울에 양털을 깎아 주는 것도 털이 없으면 체온을 유지하기 위해서라도 서로 몸을 비비며 붙어 지낼 것이기 때문이다. 이러한 정황들로 봤을 때 양은 지능이 낮은 멍청한 동물이 아니다. 그리고 양에게는 고지식한 면도 있어서 반드시 왔던 길로만 되돌아간다고 한다.

양은 떼 지어 살면서 바위 산 높은 곳에 올라가기를 좋아한다.

임신 기간은 160일 내외이고 보통 한배에 두 마리 미만을 낳는다. 갓 낳은 새끼는 눈을 뜰 수 있고 털도 다 갖춰져 있다. 생후 1개월이면 먹이를 먹고 3개월이면 이유를 한다. 2년 후부터 번식이 가능하고 이후 8년 동안 번식할 수 있다.

괴상하게 생긴 별코두더지

별코두더지는 척삭동물 식충목 두더지과에 속하는 포유류 동물로 캐나다 남동부와 미국 동부 지역에 주로 분포한다. 습지 저지대에 주로 서식하며 주야를 가리지 않고 왕성하게 활동하는 부지런한 동물이다.

별코두더지의 몸길이는 12㎝ 내외이고 꼬리 길이는 7㎝ 내외이며 몸무게는 50g 내외이다. 눈과 귀바퀴가 작고 꼬리는 여름철에는 가늘지만 겨울철에는

별코두더지

굵어진다. 몸에 난 털은 촘촘하고 거칠다. 몸 윗면은 검은색이고 몸 아랫면은 연한 회색이다. 별코두더지라는 이름은 코에 별 모양의 육질 돌기가 있어 붙여진 이름이다. 분홍색 촉모 스물두 개가 코 위에 방사형으로 돋아나 있어 촉각이 뛰어나며 이 촉모로 먹이를 탐색한다. 몸과 발은 보통의 두더지와 비슷하지만 좀 우악스럽게 생겼다. 이빨은 모두 44개이다.

별코두더지의 출산 시기는 4월 중순부터 7월까지이며 한 번에 다섯 마리 내외의 새끼를 낳는다. 지구 상에서 가장 해괴하고 희귀한 동물인 별코두더지는 땅속을 파고 돌아다니며 굼벵이, 유충, 지렁이 등을 잡아먹는다.

주둥이도 해괴망측하게 생겼지만 발과 긴 발톱도 무지막지하게 생겼다. 주둥이 정면에 스물두 개의 돌기가 해바라기꽃처럼 빙 둘러 돋아 있고 중앙에는 두 개의 콧구멍이 있다. 먹이를 찾을 때면 이 돌기들이 마치 말미잘처럼 밖으로 돋아 나오는데 그 모양이 정말 해괴망측하다.

별코두더지는 반지하의 굴을 만들어 공동으로 생활하는데 워낙 헤엄을 잘 치기 때문에 출입구는 물 밑으로 열리게 만들어 놓았다.

먹이를 처리하는 시간과 먹이로부터 얻을 수 있는 에너지의 비율을 나타내는 먹이 수익성은 행동생태학에서 대단히 중요한 요소이다. 대부분의 동물이 수 분 또는 수 초 내에 먹이를 처리하지만 별코두더지는 약 120밀리초만에 먹이를 찾아내고 잡아먹는다. 별코두더지가 이런 기술을 획득할 수 있었던 것은 모두가 별 모양의 얼굴, 독특한 이빨, 그리고 속도에 적응된 신경계 덕분이었다.

별코두더지는 먹이 처리 속도가 매우 빠르기 때문에 다른 동물들에게는 '시간 낭비에 불과할 만큼' 넓은 지역에서 먹이를 찾을 수 있는 것이다.

못난이 물고기 – 블롭피쉬(Blobfish)

　블롭피쉬는 척삭동물 물수배기과에 속하는 어류로 마치 코주부 아저씨처럼 생겼으며 오스트레일리아와 뉴질랜드 태즈매이니아 섬 심해에 분포하고 있다. 블롭피쉬는 생긴 모습과 달리 깊이 1,000m 내외의 심해에 서식하고 있다. 부레가 부력을 유지하는 데 비효율적이긴 하지만 몸이 젤리 같은 덩어리로 되어 있어 자체의 밀도가 물보다 낮고 바로 이 때문에 심해에서 부력을 유지

블롭피쉬

할 수 있다. 나름대로 주어진 환경에 적응한 사례로 볼 수 있지만 사실 이러한 몸 구성 때문에 물 밖으로 나오면 몸의 형태가 변해 버린다.

블롭피쉬는 지느러미 근육이 퇴화했기 때문에 물속에서 헤엄칠 때는 에너지를 소모하지 않고 그냥 둥둥 떠다니기만 한다. 몸길이 30cm 미만에 플랑크톤과 갑각류를 주로 먹고 사는 블롭피쉬는 그 해괴망측한 외모 때문에 <못생긴 동물협회>의 마스코트 캐릭터가 되었다(영국의 이색 단체인 <못생긴 동물협회>가 2013년 9월 블롭피쉬를 '세계에서 가장 못생긴 동물'로 선정했다).

공식적으로 블롭피쉬는 IUCN의 레드 리스트(Red List)에 '평가 불가'로 등록되어 있다. 즉 아직까지는 멸종 위기종인지 아닌지를 판별할 수 없다는 것이다.

저인망에 자주 잡히는 것은 사실이지만 생물학자들은 머지않아 블롭피쉬가 멸종 위기종이 될 수도 있다고 우려의 목소리를 높이고 있다. 하지만 심해에 살고 있어 개체수 같은 기본적인 자료도 구할 수 없는 블롭피쉬를 멸종 위기종으로 지정할 수는 없을 것이다.

혐오스럽게 생겼다고 괴물 대하듯 하는 사람이 많은데 사실 블롭피쉬가 심해에서까지 그런 모습을 하고 있는 것은 아니다. 그래도 엄마 블롭피쉬에게는 자기 새끼가 가장 예뻐 보이지 않겠는가!

2003년에 처음 발견되었을 당시 블롭피쉬를 처음 발견한 사람들도 무척이나 당황했다고 한다. 아직까지 이 물고기를 먹어 본 사람은 없는 것 같다. 코주부 아저씨를 닮은 블롭피쉬를 잘 보호해야 하겠다.

남자의 성기를 닮은 페니스 스네이크

페니스 스네이크는 척삭동물 양서류의 일종으로 남자의 성기(페니스)처럼 생겨 페니스 스네이크라는 이름을 얻게 되었다. 처음에는 외계 생물로 화제를 끌었지만 확인해 보니 파충류가 아닌 양서류의 도롱뇽과 근친 관계인 것으로 밝혀졌다(브라질 아마존에서 처음 발견되었다).

페니스 스네이크는 처음 발견되었을 당시만 해도 '눈이 없는 뱀'으로 화제

페니스 스네이크

를 모았다. 그러나 외형이 뱀처럼 생기기는 했지만 사실은 뱀이 아니었다. 페니스 스네이크가 파충류보다는 오히려 도롱뇽이나 개구리 같은 양서류에 더 가깝다고 본 생물학자 줄리안 투판은 이것을 양서류 무족목으로 분류한 다음 Atretochoana eiselti라고 명명했다.

몸길이 약 1m의 페니스 스네이크는 2002년 8월 5일 브라질 아마존 론도니아 지방의 마데이라 강 댐 건설 현장에서 처음 발견되었다. 당시 포획된 여섯 마리 중 한 마리는 표본으로 제작되었고 두 마리는 학술 연구용으로 쓰였으며 나머지 세 마리는 야생에 방사되었다.

현재 페니스 스네이크에 대한 연구가 다각적으로 수행되고 있다. 머리가 뭉툭한 화살표 같고 몸에 아무런 무늬가 없어, 즉 남자의 성기를 닮아 페니스 스네이크라는 이름이 붙여졌지만 처음에는 '눈 없는 뱀'으로 불렀다. 현재 페니스 스네이크는 양서류 무족영원목으로 분류되어 있으며 무족도롱뇽과 근친 관계에 있는 것으로 여겨지고 있다.

무족도롱뇽 무리는 열대의 다습한 지역이나 낙엽 속에 서식하는 무족영원목의 일종이다. 언뜻 보면 지렁이를 닮은 것 같지만, 몸길이가 1.5m에 척추가 있는 것도 있어 뱀 종류로 혼동할 수도 있다. 은둔의 양서류로 불리는, 이 다리 없는 양서류에 새로운 과(科)가 생긴 것이다. 뿐만 아니라 이 양서류는 아프리카에 서식하는 종들과 유전적으로 가까운 관계에 있는 것으로 밝혀졌다. 다습한 열대 지역이 아니면 살 수 없고 또 강이나 바다를 건널 수 없는 이 동물이 어떻게 대륙을 건널 수 있었을까?

일부 학자들의 견해에 따르면, 이 새로운 '다리 없는' 양서류는 한때 인도와 아프리카가 붙어 있었음을 증명하고 있다. 즉 현재의 남반구를 이루는 남미, 아프리카, 남극, 오스트레일리아 대륙 그리고 인도와 아라비아 반도가 5억 1천만 년 전에서 1억 8천만 년 전까지 '곤드와나'라는 하나의 대륙을 이루고 있다가 이후에 여러 대륙으로 나뉘었는데 이때 생물들도 함께 나뉘게 되었다는 것이다.

판다를 닮은 판다개미(Panda Ant)

판다개미는 절지동물 말벌과의 곤충으로 1938년 칠레 해안 지대에서 발견되었지만 학술적으로 제대로 연구가 진행된 것은 2009년 1월 칠레 산티아고에서 발견된 이후이다. 현재 칠레와 아르헨티나에 서식하고 있는 판다개미는 발견 당시만 해도 '판다곰을 닮은 개미'로 뜨거운 화제가 되었다.

독침을 가진 암컷 판다개미는 날개가 없어 개미에 가까운 모습을 하고 있

판다개미

지만 무시무시한 말벌 판다개미는 개미가 아닌 벌의 일종이다(이 말벌의 침에 쏘이면 죽음에 이를 수도 있다고 한다). 그리고 판다개미의 암컷과 수컷은 서로 다른 종으로 오인할 만큼 생긴 모양이 다르다. 맹독성을 지닌 무시무시한 곤충, 곤충계의 슈퍼스타 판다개미는 머리 부위가 유난히 큰 것이 특징이다.

짝짓기를 마친 판다개미는 다른 말벌들이 파놓은 굴로 들어간다. 그러고는 그곳에 있는 애벌레나 번데기 옆에 알을 낳는다. 그러면 알에서 부화한 판다개미의 유충이 둥지 안에 있는 애벌레들(주인 말벌의 애벌레들)의 몸을 파먹으며 자라는 것이다. 이런 식으로 자라난 판다개미 성충은 꿀이나 과일즙만 먹으면서 살아간다.

판다개미는 아주 단단한 외골격을 가지고 있다. 그래서 판다개미를 표본으로 만들 때 핀이 잘 꽂히지 않아 애를 먹는다. 왜 그럴까? 왜 판다개미는 이렇게 단단한 외골격을 가지게 되었을까? 첫째, 외골격이 단단해야 수분의 증발을 막을 수 있기 때문이다. 이것은 매우 중요한 일이다. 판다개미는 모래로 뒤덮인, 아주 건조한 지역에서 살기 때문에 수분을 유지하는 일이 중요한 생존전략이 될 수밖에 없다. 둘째, 판다개미가 알을 낳기 위해 다른 말벌의 둥지 속으로 들어갈 때 그 둥지의 주인인 말벌의 공격으로부터 몸을 보호해야 하기 때문이다.

이 세상에 존재하는 생명체들은 모두가 신비로움 그 자체다. 힘들고 어려운 환경을 잘 헤쳐 나가야 하기 때문에 생물의 진화가 필요한 것 같다.

최고의 애처가 – 늑대

늑대는 개과에 속하는 포유동물이다. 우리나라 고유종이 멸종되어 최근 환경부가 복원 사업에 여념이 없다.

거미박물관 동물표본실에 멸종된 늑대의 표본이 한 점 있기는 하지만 불행하게도 몸 전체의 표본이 아니라 머리와 목 부위의 표본이다. 정말 귀중한 표본이 아닐 수 없다.

늑대

수컷 늑대는 한평생 단 한 마리의 암컷만을 사랑한다. 그러다가 암컷이 먼저 죽으면 부근의 가장 높은 곳으로 올라가 구슬피 울며 슬픔을 토해 낸다. 늑대는 암컷을 위해 목숨 바쳐 싸우는 유일한 포유류이다. 뿐만 아니라 늑대는 새끼를 위해서도 목숨 바쳐 싸운다. 암컷이 새끼를 낳다가 죽으면 수컷은 홀로 어린 새끼를 키운다. 그리고 새끼가 다 자란 다음에는 암컷이 죽은 장소로 가서 암컷을 그리워하다가 그대로 굶어 죽는다.

수컷 늑대는 자신이 사냥한 먹이를 먼저 먹지 않는다. 암컷과 새끼에게 먹이를 양보하고 자신은 경계를 늦추지 않고 망을 보다가 온 가족이 다 먹은 후에야 먹기 시작한다.

수컷 늑대는 가장 약한 상대가 아니라 가장 강한 상대를 선택하여 사냥한다. 그리고 수컷 늑대는 독립한 후에도 종종 부모를 찾아가 문안 인사를 드린다. 늑대는 인간이 먼저 자신을 괴롭히지 않는 한 절대로 인간을 공격하지 않는다. 그러니까 남자들에게 함부로 "늑대 같은 놈!"이라고 말하지 말아야 한다. 남자들이 늑대처럼만 한다면 여자들이 울 일은 없을 것이다.

늑대는 힘이 센 동물로서 길고 튼튼한 다리와 좁으면서도 우람한 어깨를 가졌고 특히 머리는 개의 머리와 비슷하게 생겼다. 코요테와의 차이점은 귀가 작고 코의 육질부가 넓다는 것 그리고 달릴 때 꼬리를 높이 처든다는 것이다. 암컷은 수컷보다 작고 모피는 길고 조밀하고 부드럽다. 체색은 주로 회색이지만 그 외에도 다양한 체색이 있다.

12월에서 이듬해 4월까지 새끼를 낳는 늑대는 63일의 임신 기간이 끝난 후 열 마리 내외의 새끼를 낳는다. 그리고 새끼는 2~3년 동안 가족과 함께 생활한다.

늘대는 먹잇감을 사냥함으로써 대형 초식 동물의 숫자를 조절하고 생존에 적합하지 못한 개체를 제거한다. 먹이 사슬의 생태계 균형을 맞추는 역할을 하는 것이다.

늘대의 꼬리는 항상 쳐져 있는데 바로 이것이 개와 늑대의 차이점이다. 늑대가 많이 서식하는 지역의 사람들은 꼬리를 보고 개와 늑대를 구분한다(긴 코는 중앙으로 늘어져 있다). 늑대는 항상 무리 지어 다니기 때문에 사냥을 할 때도 가장 큰 놈을 노린다(늑대는 자신의 소리로 의사소통도 할 수 있다).

늘대는 일주일 동안 굶을 수는 있어도 물을 먹지 않고는 살 수 없다. 죽은 동물의 사체를 주로 먹지만(원래 육식성이다) 나무 열매도 잘 먹는다. 번식기는 1~2월이고 임신 기간은 60일이며 한 번에 다섯 마리 내외의 새끼를 낳는다.

알면 유익한 자연의 세계

재주 많은 능력자들

철사보다 열 배 강한 거미줄

거미는 서식 형태에 따라 줄을 치는 거미류와 줄을 치지 않는 거미류로 구분된다. 전자는 왕거미, 꼬마거미, 갈거미, 유령거미 같은 정주성 거미들을 포함하고, 후자는 깡충거미, 늑대거미, 닷거미, 거북이등거미 같은 배회성 거미들을 포함한다. 정주성 거미류는 실젖에서 거미줄을 출사하는데 이때 실젖에서 나오는 것을 거미줄이라 하고 이 거미줄을 이용해 만든 것을 거미그물이라

거미줄

한다.

늦은 밤이나 이른 새벽에 골목길을 지나갈 때 거미줄이 얼굴에 붙으면 불쾌하기 짝이 없다. 하지만 나노과학의 근원이자 21세기 신소재 섬유의 중요한 재료로 되는 것이 바로 이 거미줄이다. 거미줄이 같은 굵기의 철사보다 열 배 이상 강한 이유는 무엇일까? 거미줄 가닥을 잘라 그 단면을 전자현미경으로 관찰하면 800개 내지 1,200개의 가는 거미줄이 뭉쳐 있는 것을 볼 수 있다. 미국의 금문교나 우리나라의 서해대교를 지탱하는 케이블도 바로 이 거미줄의 원리를 이용해 만든 것이다.

거미줄의 화학적 성분은 16종 내지 22종의 아미노산으로 구성된 고무질성 단백질이다. 뛰어난 물성을 지닌 드래그라인 실크는 방탄복, 낙하산, 외과용 봉합실, 인공 인대, 현수교 케이블 등 다양한 제품을 만드는 데 활용된다.

그럼 지금부터 왕거미를 예로 들어 거미그물의 구조를 살펴보자.

거미그물의 뼈대가 되는 X자형 줄을 방사선 줄이라 하는데 이 줄은 끈끈액이 없을 뿐만 아니라 거미의 주된 이동로가 되기도 한다. 그리고 방사선 줄을 연결하여 원형으로 치는 줄을 가로줄이라 하는데 이 줄은 끈끈액이 있어 먹이를 잡는 사냥터 역할을 한다. 끈끈액이 있는 가로줄을 현미경으로 관찰하면 마치 스님이나 신부님이 지니고 다니는 염주알처럼 생겼다.

어릴 때 읽은 공상과학 만화나 공상과학 영화의 장면들이 현실화된 경우가 한두 가지가 아니다. 공상과학 영화 <스파이더맨>을 보고 있으면 머지않아 그런 시대가 올 것이라는 예감이 드는 것이다. 상상만 해도 소름이 끼친다. 과학의 발달보다 철사에 거미줄을 감아 그것으로 잠자리를 잡던 어린 시절을 떠올리게 되는 것은 과학의 발달과 함께 인간미가 사라지고 있다는 사실이 서글프게 느껴지기 때문일까?

4억만 년 전, 그러니까 고생대 데본기에 최초로 출현한 거미는 물속에서 살다가 육지로 상륙했을 때 자신의 몸과 알을 보호하기 위해 거미줄을 치기 시작했다. 그런데 진화하는 과정에서 그 거미줄을 먹이 포획을 위한 사냥 도구로 이용하게 된 것이다. 거미의 실젖도 처음에는 배에 붙어 있었지만 진화하는 과정에서 그 위치가 배 끝 쪽으로 옮겨지게 되었다. 그리고 여러 개의 실젖이 만들어지고 서로 다른 거미줄이 생산되면서 점점 더 쓸모 있는 것으로 진화하게 되었다.

힘이 센 장수풍뎅이

　장수풍뎅이는 학생들이 가장 키우고 싶어 하는 곤충이자 가장 많은 애호가를 가진 곤충이다.

　여름방학 때 거제도 해변에 텐트를 치고 초저녁부터 랜턴을 밝게 켜 놓고 거미를 채집하며 기다렸다. 마치 머플러 터진 승용차가 달리듯 요란한 소리를 내며 장수풍뎅이들이 모여들었다. 그 주변에 상수리나무와 졸참나무가 많았

장수풍뎅이

기 때문에 이들의 수액을 빨아먹는 풍뎅이류도 많았던 것이다.

장수풍뎅이는 다리와 몸통이 굵어 힘이 세다. 몸길이는 3mm에서 9cm까지 매우 다양하다. 몸 색깔은 적갈색이거나 흑갈색이다. 수컷의 머리에는 긴 뿔이 있고 가슴 등판에도 뿔이 있는데 장수풍뎅이의 특징을 나타내는 대표적인 생김새라고 할 수 있다. 암컷은 뿔이 없고 크기도 수컷에 비해 작으며 등판 전체에 털이 나 있다. 발에 날카로운 발톱이 있어 나무 위를 잘 기어 다닐 수 있다. 더듬이는 짧고 끝이 뭉툭하다. 알은 25℃ 내외의 온도에서 12일 후에 부화하며 온도가 높을수록 발육 기간이 단축된다.

장수풍뎅이는 우리나라뿐 아니라 일본, 중국, 인도 등지에 분포하며 일본에서는 '투구벌레'라는 이름으로 불린다. 애벌레는 총 3령의 기간을 보내는데 1령은 15일, 2령은 19일, 3령은 120일의 기간이 소요된다. 자연 상태에서는 2령으로도 겨울나기를 하지만 대부분 3령의 애벌레로 겨울나기를 한다. 겨울을 지낸 애벌레는 번데기가 되기 위해 최대한 많은 에너지를 몸속에 저장해야 하고 이 때문에 산속의 부엽토나 부식된 나무를 주로 먹는다(그 속에 있는 섬유질, 미생물, 무기질들을 필요로 하는 것이다). 인공적으로 사육하는 경우에는 발효시킨 톱밥 속에 굼벵이를 넣어 키우는 것이 좋다. 에너지를 충분히 저장한 굼벵이는 5~6개월 동안 땅속에 번데기방을 만드는데 장수풍뎅이로 변한 후에 번데기방 속에서 약 10일 정도 휴식을 취하면서 외골격을 단단하게 굳힌다. 그리고 충분한 휴식을 취한 후에는 땅 위로 올라와 곤충으로서의 새로운 삶을 시작하게 된다.

장수풍뎅이는 참나무 숲에 서식하며 참나무에서 나오는 수액을 빨아먹는다. 암컷 장수풍뎅이는 100개 미만의 알을 낳으며 최대 3개월 정도 살아간다.
세계식량기구(FAD)가 장수풍뎅이의 애벌레인 굼벵이, 귀뚜라미, 갈색거저리,
흰점박이꽃무지 등을 한시적인 식품으로 승인한 만큼(인류의 미래 식량 자원
으로서 그 가치를 인정한 것이다) 국내의 곤충산업도 크게 번창할 것으로 전
망된다. 곤충산업이 미래의 신성장 동력이 될 수 있도록 국가가 앞장서서 지원
해야 하고 또한 곤충산업 전문가도 양성해야 할 것이다.

스프링처럼 늘어나는 방울뱀

방울뱀은 파충류 살모사과에 속하는 동물로 주된 서식지는 북미이지만 중남미에 서식하는 것들도 있다. 우리나라에서 개, 뱀, 닭 등을 보신용 음식으로 해 먹는 것처럼 북미에서도 방울뱀을 즐겨 먹는다. 오죽하면 방울뱀 농장을 만들고 방울뱀 고기 통조림까지 생산하겠는가! 방울뱀은 맹독을 지닌 무서운 독사다. 한번 물리면 사망할 확률이 높다. 방울뱀이라는 이름이 붙여진 이유는

방울뱀

꼬리 끝의 방울을 흔들어 소리를 내기 때문이다(꼬리 끝의 속이 비어 있어 소리를 낼 수 있고 소리를 냄으로써 적으로부터 자신을 보호할 수 있다). 현재 북미에는 30여 종 이상의 방울뱀이 서식하고 있다.

눈과 콧구멍 사이에 있는 피트(pit)라는 감각 기관(열을 감지하는 작은 구멍)은 먹이 사냥에 큰 도움이 된다. 피트로 열을 감지해 먹이를 잡는 것이다(미사일도 이와 같은 원리로 작동한다).

방울뱀의 가장 큰 특징은 탈피할 때마다 꼬리 끝에 있는 각질 마디가 하나씩 증가되어 열 개 내외의 각질 고리가 생긴다는 것이다. 이들은 서로 고리처럼 연결되어 있다. 속이 비어 있어 움직일 때마다 서로 마찰을 일으켜 소리를 내는 것이다. 방울뱀이 내는 소리는 맑은 방울 소리보다는 대나무통에 모래나 잔 조개 껍질을 넣어 흔들 때 나는 소리에 가깝다. 이 방울 소리는 자명고 소리와 비슷하며 150m 밖에서도 들을 수 있다.

방울뱀이 똬리를 튼 상태에서 몸을 스프링처럼 펴면서 점프를 하면 자기 몸 길이의 2.5배 되는 거리까지 공격할 수 있기 때문에 각별히 주의해야 한다. 방울뱀의 독은 대부분 혈액 내의 적혈구를 파괴하는 용혈성 독이지만 종에 따라 그 종류가 조금씩 다르다. 어떤 종은 조직 자체를 파괴하는 부식성 독을 주입하는 경우도 있다. 물리게 되면 몇 시간 안에 피부, 혈관, 근육은 물론 심지어 뼈까지 파괴되기 때문에 그 피해가 상당히 심각해질 수 있다. 게다가 부식성 독은 해독 혈청이 존재하지 않기 때문에 문제가 더 심각해질 수 있다.

1993년 여름, 방학을 이용해 브라질로 채집 여행을 갔을 때 상파울로 대학교 부탄탄 연구소를 방문한 적이 있다. 대학 캠퍼스도 어마어마하게 컸지만 부탄탄 연구소도 엄청나게 컸다. 부탄탄 연구소는 주로 거미독, 뱀독, 전갈독을 연구하는 세계적 연구소로서 방울뱀의 부식성 독으로 암세포 파괴 물질을 연구·개발한다는 이야기를 들은 바 있다. 하루빨리 그 물질이 개발되어 암 환자들을 구했으면 좋겠다.

방울뱀이 맹독을 가진 위험한 독사이기 때문에 무조건 보는 대로 잡아 죽여야 한다는 생각은 버려야 한다. 방울뱀은 쥐의 천적이기 때문에 함부로 죽이면 생태계가 파괴되어 먹이사슬의 구조가 엉망이 될지도 모른다(신약 개발에 이용해도 좋을 것이다).

인간을 능가하는 농사꾼 – 일꾼개미(가위개미)

개미 가족은 여왕개미, 수개미, 일개미로 구분된다. 유사 이래 인간을 능가하는 농사꾼이 있었으니 그것이 바로 일꾼개미(가위개미)다.

개미는 벌목에 속하는 완전 변태 곤충으로 중생대 백악기 중반에 출현하여 속씨식물의 출현 이후 분화되어 진화해 왔다. 전 세계적으로 14,000여 종의 개미가 있는 것으로 알려져 있다.

일꾼개미

개미는 구부러진 더듬이나 가늘고 잘록한 허리로 쉽게 알아볼 수 있다. 개미는 군락을 이루어 사는데 적게는 수십 마리(작은 구멍 속에 서식하는 포식성 개미 군락) 많게는 수백만 마리에 달한다(넓은 지역에서 거대 군락을 형성한다). 개미의 종류에는 고급 요리를 먹으며 자손만 생산하는 왕개미와 정자를 제공하는 수개미 그리고 번식 능력이 전혀 없고 일만 하는 일개미가 있다(개미는 전형적인 사회생활을 한다).

수많은 개미들 중에서 일꾼개미(가위개미)는 버섯을 키우는 개미(Tribe attini)로서 주름버섯과(Agaricaceae)의 레우코아가리쿠스속이나 레우코코프리누스속의 버섯을 재배한다. 개미와 버섯이 서로를 의지하며 살아가는 것이다. 가위개미가 주름버섯을 재배하기 위해 가위 모양의 구기(口器)로 나뭇잎을 오려 내어 일렬로 나르는 모습은 마치 잘 훈련된 군인들의 제식 훈련 모습과 유사하다.

알로메루스 데케마르티쿨라투스 개미는 숙주 식물인 히르텔라 피소포라 그리고 먹이 곤충을 잡는 데 사용되는 끈끈한 버섯과 더불어 3자 간에 상호관계를 맺는 쪽으로 진화해 왔다. 일꾼개미로 불리는 가위개미는 식물의 잎을 잘게 잘라 쌓아 놓은 위에 버섯을 재배해 먹으며 항생제를 만들어 내는 박테리아와 공생 관계를 유지해 질병의 확산을 막는 것으로도 유명하지만 박테리아와의 공생 관계에서 질소를 얻는 것으로도 유명하다. 생물은 질소가 없으면 살 수 없는데 초식개미가 먹이로 섭취하는 질소의 양은 생존하기에는 아주 부족한 양이다. 박테리아가 공기 중에서 흡수한 질소 성분을 개미가 체내로 빨아들이는 것으로 나타났다. 질소 고정 박테리아와의 공생 관계는 흰개미와 다른 개미들의 경우에서도 연구, 보고된 바 있지만 가위개미와 박테리아의 공생은 생태학적 측면에서 특별한 의미를 갖는다.

가위개미는 땅속에서 사람 집만 한 크기의 굴을 파고 수백 마리가 모여 산다. 남미 브라질의 아마존 숲 속에 서식하는 가위거미 군락을 모두 합치면 이 지역의 육상 동물 전체를 합한 생물체 량의 네 배에 달할 만큼 가위개미는 생태계의 놀라운 승리자이다.

약 5천만 년 전으로 거슬러 올라가는 개미와 박테리아의 공생 관계 덕분에 가위개미가 아마존의 생태계를 지배하게 되었을 것이라고 여겨진다.

침술의 대가 – 나나니벌

절지동물인 나나니벌은 구멍벌과속에 속하는 곤충으로 몸길이는 암컷이 25㎜ 미만이고 수컷이 20㎜ 미만이다. 체색은 검은색이고 배는 남색이며 날개는 투명하고 회갈색이다. 가슴 부위와 배 부분을 연결하는 부위를 배자루라 하는데 실처럼 가늘고 길며 두 마디이고 두 마디의 후반부는 적갈색이다. 배는 여섯 마디인데 제3배 마디는 적갈색이다.

나나니벌

숲 속의 까탈스러운 사냥꾼인 나나니벌은 폭염이 기승을 부리는 한여름에 주로 나방이나 나비의 애벌레를 찾아다닌다.

나나니벌은 자기 새끼인 유충이 거처하게 될 굴을 5월에서 10월 사이에 판다. 날씨만 좋으면 나나니벌은 기다림 없이 오전부터 부지런히 터널 공사를 한다(해가 뜨기 무섭게 굴착할 땅바닥 근처를 서성거린다). 이 장면을 보려면 먼 발치에서 조심스럽게 관찰해야 한다. 굴착 작업에 조금이라도 방해가 되면 이 민감한 나나니벌이 주저하지 않고 다른 곳으로 이동해 버리기 때문이다. 굴착 공사가 빨리 시작되면 정오 무렵에는 사냥감을 구하러 나갈 수 있다. 하지만 굴착 공사가 더디게 진행되면 다음날까지 계속될 수도 있다. 흥미로운 것은 천적들에게 들키지 않기 위해, 자신이 파낸 흙을 다른 곳에 옮겨 놓는다는 것이다. 그도 그럴 것이 굴 근처에 흙이 쌓여 있으면 당연히 천적들에게 쉽게 발견될 것이다. 약 30㎝ 정도 굴을 판 다음에는 작은 돌로 입구를 막는다. 이것은 자신이 파 놓은 굴을 쉽게 찾기 위해서이다. 그런 다음에 나나니벌은 먹잇감을 찾아 날아간다.

나나니벌은 훌륭한 사냥꾼이자 침술의 대가다. 주로 나방이나 나비의 애벌레를 찾아 몸부림치지 못하게 단단히 침으로 다스리는 것이다. 그렇다면 나나니벌은 어떻게 먹잇감을 찾을까? 나나니벌은 풀 포기가 있는 땅바닥을 촉각으로 두들겨 보기도 하고 또 사냥개처럼 이리저리 먹잇감을 찾아 헤매기도 한다. 그렇다면 땅바닥을 두들기는 촉각은 어떤 역할을 하는 것일까?

오래전부터 곤충학자들은 벌의 감각 기관에 깊은 관심을 갖고 연구해 왔다. 가령 촉각을 잘라 내면 방향 감각이 어떻게 달라지는지도 실험했는데 실험 내

용은 다음과 같았다: 나나니벌이 나방이 애벌레나 나비 애벌레를 찾아나선다. 그런데 식물 뿌리 근처를 탐색하던 나나니벌이 뭔가에 흠칫 놀란다. 나방이 애벌레가 웅크리고 있었기 때문이다. 소문난 침술가인 나나니벌이 침을 한 방 먹이자 나방이 애벌레가 죽은 듯이 축 늘어진다.

자연의 청소부 - 쇠똥구리

　절지동물인 쇠똥구리는 딱정벌레목 풍뎅이과에 속하는 곤충으로 멸종 위기종 2급으로 지정되어 있다. 과거에는 우리나라에도 60종 이상의 쇠똥구리가 서식했지만 소 키우는 방식의 변화, 농약과 비료의 과다 사용, 배합사료 사용과 항생제 사용, 개발로 인한 서식처 파괴 등으로 멸종 위기에까지 이르게 되었다. 내가 어렸을 때만 해도 쇠똥구리가 쇠똥을 둥글게 말아 굴리는 모습을

쇠똥구리

흔히 볼 수 있었다. 1988년 하동에서 쇠똥구리를 발견한 나는 주위의 곤충학자들에게 자랑삼아 이야기하면서도 혹시 채집하러 가지는 않을까 걱정이 되어 정확한 위치를 알려주지는 않았다.

'자연의 청소부'로 알려진 쇠똥구리는 그 형태적 차이와 행동의 차이에도 불구하고 자손의 번식과 생존력이라는 측면에서 네 가지 공통된 특징을 갖는다. 첫째, 먹이를 재배치하기 위해 지하에 집을 짓는다. 둘째, 먹이를 확보할 때나 둥지를 만들 때에는 암수가 공동으로 작업을 한다. 암수가 힘을 합침으로써 혼자 할 때보다 훨씬 더 빨리 둥지의 굴을 팔 수 있고 또 둥지까지 쇠똥을 굴려 가는 시간도 단축시킬 수 있다. 셋째, 쇠똥구리는 번식력이 매우 낮다. 현재까지 알려진 모든 쇠똥구리 암컷에게는 단 하나의 난소가 있다. 한 마리의 암컷이 산란하는 알의 수는 20개 미만이다. 진딧물을 제외하고 곤충들 중에 이렇게 낮은 생산력을 갖는 것은 쇠똥구리밖에 없을 것이다. 넷째, 유충과 번데기가 '막힌 공간에서의 발생'에 아주 잘 적응한다.

쇠똥구리는 초식동물이 배설한 똥 무더기에서 똥 조각을 떼어 내 구슬 모양의 경단을 만든 후 암수가 합심하여 굴 근처로 굴려 간다. 그런 다음에 수컷이 땅속에 굴을 파 그것을 묻으면 암컷이 이 경단을 더 가공하여 유충들이 먹을 수 있게끔 산란공을 만들고 그곳에 알을 낳는다. 알에서 부화한 유충들은 엄마가 정성스럽게 만들어 놓은 산란공의 내부를 파먹으며 무럭무럭 자라고 엄마 쇠똥구리는 극진한 모성애로 새끼들을 돌본다.

쇠똥구리의 '경단 굴리기'는 오늘날의 중장비 기계들을 개발, 생산하는 데 밑거름이 되었다.

의사소통을 하는 꿀벌

절지동물인 꿀벌은 꿀벌과에 속하는 곤충으로 주로 양봉꿀벌과 토종재래종이 있다. 양봉꿀벌이란 유럽 양봉종을 말하는 것이고 토종재래종이란 동양재래종을 말하는 것이다. 토종재래종이나 양봉꿀벌이나 똑같은 꿀을 만드는데 흔히 우리는 토종재래종이 만든 꿀이 진짜라고 생각한다. 이것은 양봉꿀의 경우 인간이 밀원을 속일 수 있다고 여기기 때문일 것이다.

꿀벌

모든 꿀벌은 둥지나 벌통에서 3계급 사회생활을 한다. 일만 하는 암컷 일벌이 있고 자손만 생산하는 여왕벌이 있으며(여왕벌은 일벌보다 덩치가 크다) 초여름에만 볼 수 있는 수벌이 있다. 여왕벌과 일벌에게는 독침이 있지만 수벌에게는 독침이 없다. 여왕벌과 일벌 모두 산란을 한다. 하지만 여왕벌이 산란한 알은 수벌의 정자와 수정하여 일벌을 생산하고 일벌이 낳은 알은 그냥 수벌이 된다. 그리고 일벌의 타액선에서 분비되는 물질, 즉 로얄제리를 먹은 벌만이 여왕벌이 된다. 여왕벌이 된 벌은 반드시 복수를 하여 만약의 변고에 대비한다. 그리고 마지막 결투에서 승리한 벌만이 여왕벌이 된다.

알은 3일 만에 부화하여 유충이 된다. 처음에는 모든 유충에게 로얄제리를 먹이지만 나중에는 여왕벌 후보에게만 먹인다. 완전히 성장한 유충은 번데기로 변태한 뒤 16일 만에 여왕벌이 되고 일벌은 3일 만에 탄생한다. 그리고 수벌은 일벌이 탄생하고 며칠이 지난 후에 탄생한다.

여왕벌은 자기들끼리 투쟁하여 단 한 마리의 여왕벌만 둥지에 남게 된다. 그리고 둥지에 있던 벌떼는 다른 곳으로 이사하여 새로운 사회를 건설하게 된다.

벌집은 일벌의 몸에서 분비된 밀납 물질로 만들어진다. 이것은 두 겹으로 된 육면체의 작은 방으로서 꿀과 화밀, 꽃가루로 만들어진 벌밥 형태의 식량이 그곳에 저장된다.

1973년에 동물행동학 연구로 칼 본 프리슈가, 비둘기의 행동으로 콘라트 로렌츠가, 오리의 행동으로 니콜라스 틴버겐이 공동으로 노벨생리의학상을 받았다.

동물행동학 연구로 노벨상을 받을 수 있다니! 그 일이 있은 후에 세상이 발칵 뒤집어졌다. 칼 본 프리슈의 연구 결과에 따르면, 일벌은 원형 춤을 추거나 엉덩이를 흔들어 8자 춤을 춤으로써 밀원의 위치를 알려 준다. 한마디로 말하면, 인간뿐만 아니라 동물도 의사소통을 한다는 사실을 밝혀낸 것이다.

위장술의 대가 - 대벌레

대벌레는 대벌레과에 속하는 곤충으로 산림해충이다. 행동이 느리며 체색은 갈색이거나 녹색이다. 전 세계적으로 2,500여 종이 보고되었고 우리나라에는 5종이 있는 것으로 알려져 있다.

대벌레는 대나무 토막을 연상케 하는데 몸통을 가로질러 둥글게 형성된 마디들의 모습이 대나무와 너무 닮았다.

암컷 대벌레는 보통 한 번에 한 개씩의 알을 낳는데 알 낳는 모습이 참 특이하다. 어떨 때는 그냥 지면으로 떨어뜨리기도 하고, 어떨 때는 복부를 급하게 뒤흔

대벌레

들어 튕겨서 낳기도 한다. 이런 식으로 암컷은 보통 1,000여 개의 알을 낳는다.

대벌레는 7~10월까지 산란을 한다. 그리고 대벌레 알은 알 상태로 겨울을 나고 그 이듬해 봄에 부화하여 6월에 성충이 된다. 몸에 난 잔가지 비슷한 것은 몸을 보호하는 데 필요한 것이다(일부 종은 날카로운 가시를 갖거나 불쾌한 냄새를 풍긴다). 알 역시 식물의 씨앗과 흡사하여 구분하기가 어렵다. 대벌레는 촉각과 다리를 재생할 수 있는데 종류에 따라서는 날개에 작고 가죽처럼 생긴 덮개가 있는 대벌레도 있다.

열대산 대벌레는 그 크기가 엄청나다. 몸길이 30cm 이상의 거대한 대벌레가 참나무 잎을 떼 지어 공격하고 고사시키는 것이다.

대벌레는 암수가 만나 짝짓기할 기회가 적어 미수정란이 단위 생식으로 부화하는 경우가 많다. 대부분의 경우 미수정란에서 단위 생식을 한 새끼는 암컷이 된다.

대벌레의 가장 큰 특징 중 하나는 위장술이다. 색깔이나 형태가 대나무 또는 나뭇가지와 유사하여 유심히 관찰하지 않으면 발견할 수가 없다. 그러나 이처럼 기상천외한 위장술에도 불구하고 개미, 새 같은 천적들은 귀신같이 대벌레를 찾아낸다. 왜냐하면 대벌레의 몸에서 카이로몬이라는 화학 물질의 냄새가 풍기기 때문이다. 하지만 천적을 만난 대벌레도 가만히 있지는 않는다. 날개로 소리를 내거나 각질로 위장된 앞날개 밑에서 밝은 색 뒷날개를 드러내 위협하기도 하고 또 별안간 죽은 척을 하며 나무에 매달려 있다가 툭 떨어지기도 한다. 심지어 다리를 떼어 버리고 달아나는 경우도 있다. 대벌레의 생존 전략과 전술은 다양하게 전개된다.

대륙을 넘나드는 된장잠자리

잠자리는 절지동물 잠자리과에 속하는 곤충이다. 잠자리는 하루살이와 같은 산화석으로 가장 오랜 역사를 갖는 곤충들 중 하나이다.

거미박물관 화석전시실에 100여 종의 곤충 화석이 전시되어 있는데 그중에는 잠자리 화석도 여러 점 있다. 잠자리의 조상은 약 3억만 년 전 고생대 석탄기 이전에 출현했다. 전 세계적으로 약 4천5백 종의 잠자리가 보고되었고 우

된장잠자리

리나라에는 100여 종이 있는 것으로 알려져 있다.

여기서는 된장잠자리에 대한 이야기를 하고자 한다. 몸길이가 4cm 내외인 된장잠자리는 연못이나 저수지, 하천, 습지 주변에서 쉽게 발견할 수 있다. 더운 지방에서는 한살이의 기간이 35일 내외로 일찍 찾아온 녀석의 2세대가 출현하는 7월 중순부터 많은 개체가 관찰된다. 우리나라에서는 봄철부터 가을까지 3~4회의 한살이를 한다. 된장잠자리는 머리가 크고 몸 전체가 누런 된장색을 띠고 있으며 체형에 비해 몸이 가벼워 장거리 이동을 한다. 추위에 매우 약하여 우리나라에서는 알과 유충이 월동을 하지 못한다. 유충은 평지나 구릉지의 연못과 습지 그리고 여름에 일시적으로 형성된 웅덩이에서 생활한다.

산란된 알은 7일 이내에 부화하고 유충은 약 30일 만에 성장을 끝낸다. 장마가 끝난 후 흔히 관찰되는 된장잠자리가 세계에서 가장 먼 거리를 이동하는 곤충인 것으로 밝혀졌다. 이전에는 북미에서 남미까지 4,000㎞를 비행하는 황제나비가 가장 먼 거리를 이동하는 것으로 알려졌지만, 이후 아시아에서 태평양을 건너 7,000㎞ 이상 날아가는 된장잠자리가 가장 먼 거리를 이동하는 것으로 밝혀진 것이다.

미국 럿거스대학교 제시카 웨어 교수 연구진은 세계 여러 곳에 서식하는 된장잠자리의 유전자에서 공통된 유전 형질을 발견했고 이를 근거로 된장잠자리들이 인도양, 태평양을 건너다니며 짝짓기한다는 연구 결과를 내놓았다. 번식을 위해서는 민물이 반드시 필요한 된장잠자리가 건기를 맞은 인도를 떠나우기(雨期)의 아프리카로 날아가는 것이다. 된장잠자리가 인도양이나 태평양을 날아 건널 수 있는 것은 가벼운 몸과 커다란 날개를 가졌기 때문이다(몸이 가볍고 큰 날개를 가졌기 때문에 쉽게 바람에 실려 날아갈 수 있다는 것이다).

제시카 웨어 교수는 동일한 지역에 서식하는 된장잠자리끼리 짝짓기를 하였다면 서로 다른 유전 형질이 나타나야 하는데 그렇지 않다는 것이다.

또한 된장잠자리의 포식 행동은 무서운 육식 사냥꾼의 그것과 다를 바가 없다. 하늘을 마음대로 날아다니며 해충의 천적 역할을 하는 것이다.

점프의 달인 - 갈기늑대(Maned wolf)

갈기늑대는 척삭동물 개과 갈기늑대속에 속하는 포유류 동물로 남아메리카 브라질 대초원의 캄포 세라도에 서식하는 장다리 늑대다. 긴 다리의 소유자인 갈기늑대는 분명 어느 동물과도 비교될 수 없는 생물이다.

갈기늑대는 몸무게가 20㎏ 내외이고 키는 130㎝ 내외이다. 서식지는 브라질 중부 이남, 볼리비아 동부, 파라과이, 아르헨티나 북부 지역 등이다. 잡목이

갈기늑대

잘 자라는 초원과 습지대에 서식하기 때문에 숲 속을 거닐기에 적합하도록 진화했다.

무성하게 자란 풀숲에서는 일반 늑대와 다름없이 보이지만 사실 늑대보다는 여우에 더 가까운 동물이다. 또 다른 특징 중 하나인 길고 커다란 귀는 안테나 역할을 한다. 탁월한 청각으로 어류, 곤충, 양서류, 파충류, 소형 포유류 등의 은신처를 찾아내 포획하는 것이다(먹이를 잡을 때 3m 이상의 높이로 점프를 한다). 갈기늑대는 특이하게도 다른 동물들은 먹지 못하는 로벨리아(Lobelia) 나무 열매를 즐겨 먹는다(로벨리아 나무 열매는 그 맛이 쓰기로 유명하다). 왜냐하면 로벨리아 나무 열매 속에는 갈기늑대에게 필요한 필수 영양소가 포함되어 있기 때문이다. 갈기늑대는 개과 동물임에도 불구하고 식물을 주식으로 하며 달리고 뛰는 모습이 늑대 같지 않고 오히려 캥거루 같다.

갈기늑대는 신생대 제4기의 전반기인 홍적세에 수많은 동물이 멸종했을 때 남아메리카의 대형 개과 동물들 중 홀로 살아남은 것으로 추정된다. 외모가 여우를 많이 닮았지만 사실 여우와는 큰 관계가 없고 오히려 남아메리카에 서식하는 덤불개와 더 깊은 관계가 있다.

특유의 냄새를 풍기는 갈기늑대는 스컹크늑대라고도 불린다. 갈기늑대의 털은 붉은색 또는 적갈색을 띠지만 때로는 밝은 주황색이나 황금색을 띠는 경우도 있다. 하지만 특이하게도 다리만큼은 검은색이다. 갈기늑대라는 이름에서도 알 수 있듯이 목과 등 쪽에는 검은색의 갈기가 있으며 이것을 곧고 빳빳하게 세울 수도 있다. 목과 턱밑의 색깔은 흰색이고 삼각형의 귀는 유난히 큰 편이다.

갈기늑대는 다른 대형 개과 동물들과 달리 무리를 짓지 않는다는 것이 특징이다. 그리고 갈기늑대는 해가 질 무렵부터 자정 사이에 사냥을 하거나 먹잇감을 찾는다. 보통 갈기늑대는 대형 동물은 사냥하지 못하고 쥐, 토끼 같은 소형 포유류와 어류, 새 등을 잡아먹는다(식물도 많이 먹는다).

갈기늑대는 일부일처제의 동물로 번식기는 11월에서 4월까지이고 임신 기간은 60일 내외이며 새끼는 다섯 마리 정도 낳는다(새끼들은 1년 만에 완전히 성장한다).

땅파기의 달인 – 벌거숭이두더지 (Naked Mole Rat)

벌거숭이두더지는 척삭동물 두더지과에 속하는 벌거숭이두더지아과의 포유류 동물이다.

몸무게 30g 내외로 아주 작은 동물이지만 여왕 벌거숭이두더지는 다른 개체들보다 훨씬 커서 체중이 70g 내외나 된다. 근본적으로 이 동물은 눈이 퇴화

벌거숭이두더지

하여 그 크기가 아주 작고 또 시력이 아주 안 좋아서 명암 정도만 구분할 수 있다(다리가 짧고 가늘지만 굴속 생활에는 훌륭하게 적응했다). 벌거숭이두더지는 지하에서의 이동이 능숙하며, 전진하는 속도만큼이나 후진 속도도 빠르다. 또한 벌거숭이두더지의 뻐드렁니는 땅을 파는데 아주 유용하고 입 속으로 흙이 들어가는 것을 막아 준다.

사회 생활을 하는 개미와 마찬가지로 여왕이 무리를 이끄는 벌거숭이두더지는 300여 마리의 집단이 무리 지어 생활하며 최대 3㎞까지 굴을 파 그 속에서 생활한다. 절대 권력을 지닌 여왕은 주로 새끼만 낳고 나머지 개체들은 일을 한다. 특이한 점은 이 암컷 벌거숭이두더지가 처음부터 여왕이 되어 번식 능력을 가지는 것이 아니라 절대 권력에 대한 복종의 의미로 스스로 호르몬을 조절하여 여왕이 된다는 것이다. 암컷이 번식 능력을 갖기 위해 호르몬 분비를 조절하면 다른 벌거숭이두더지들에 의해 여왕에게 보고되어 엄한 벌을 받게 된다. 이런 식으로 여왕의 절대 권력이 유지되고 집단의 사회 생활이 유지되는 것이다.

벌거숭이두더지는 굴을 파다가 다른 집단을 만나게 되면 즉시 전투 태세에 돌입한다. 벌거숭이두더지는 굴을 파다가 흙에 긁혀도 피부에 상처를 입지 않고 고통도 느끼지 않는다(피부에 통증 감각이 없기 때문이다).

몸길이는 10㎝ 내외이고 긴 뻐드렁니가 두 개 돌출되어 있다. 그리고 예민한 감각 수염을 가졌고 코는 돼지 코를 닮았다. 전체적인 몸 색깔은 분홍과 연노랑의 혼합색이지만 등은 연회색을 띤다. 귀는 퇴화하여 흔적만 남아 있고 발가락에는 촘촘히 난 털과 발톱이 있다(하지만 짧은 꼬리에는 털이 없다). 아프리카 동부의 에티오피아, 케냐, 소말리아를 중심으로 건조한 사막 지대에 주로 서식한다.

벌거숭이두더지는 지면으로부터 15~40㎝ 아래의 땅속에 길고 복잡한 굴을 만드는데 굴의 폭은 3㎝ 정도이고 굴 끝에는 먹이를 저장하는 방과 새끼를 기르는 육아방 그리고 화장실이 있다. 지상에서 보면 굴의 중앙부가 화산처럼 솟아 있고 중앙에는 구멍까지 뚫려 있어 굴속 공기를 환기시킬 수 있다. 이렇게 만들어진 굴은 항상 30℃ 내외의 온도를 유지할 수 있도록 되어 있다(건조한 사막 지역인데도 습도가 90%나 된다).

동식물의 짝짓기

곤충계의 무법자 – 사마귀

내가 어렸을 때 시골에서는 사마귀를 오줌싸개 또는 범아재비라고 불렀다. 풀숲을 지날 때 만나게 되는 사마귀는 날카로운 앞다리와 삼각형의 머리, 매서운 눈매를 가진 곤충으로 사람을 소스라치게 놀라게 할 뿐만 아니라, 중국 소림사의 당랑 권법이 자기 때문에 생겨났다고 폼 잡는 곤충계의 무법자이다.

위장술이 뛰어난 사마귀는 녹색이나 갈색의 보호색으로 나뭇잎과 같은 주

사마귀

위 환경에 몸 색깔을 맞춤으로써 자신의 모습을 숨긴다.

약 3억만 년 전 고생대 석탄기에 출현한 사마귀는 바퀴벌레의 조상에서 유래한 것이다. 하지만 바퀴벌레와 달리 사마귀는 곤충의 제왕 또는 작은 괴물처럼 무섭게 생겼다.

현재 지구 상에 살고 있는 2,400종의 육식 곤충 가운데 사마귀가 단연 최고의 자리를 차지하고 있다. 한국에는 2과 7종의 사마귀가 서식하고 있으며, 번데기 과정 없이 '불완전 변태를 하는' 곤충으로 유명하고 또한 기습적 파이터로도 악명이 높다. 사마귀는 평생토록 살아 있는 동물만 잡아먹는다. 또한 9월이 되면 체구가 작은 수컷 사마귀가 체구가 큰 암컷 사마귀와 짝짓기를 하기 위해 배회하는데, 때로는 날아다니며 암컷을 찾기도 한다. 이 시기의 수컷 사마귀는 먹이를 거의 먹지 않고 오로지 암컷만 찾아다닌다. 그렇지만 암컷은 짝짓기에 대해 별 관심을 보이지 않는다. 수컷이 암컷을 발견했을 때 들키지 않고 짝짓기에 성공하기 위해서는 조심조심 기어가 뒤쪽에서 공략해야 한다.

접근하다 들키면 즉시 '동작 그만' 해야 한다. 가령 앞다리로 덮치려다가 들킬 경우 앞다리를 든 채로 동작 그만 해야 한다.

마치 육군 군부대에서 윗사람이 "동작 그만!" 하면 그대로 멈추듯이…….

자칫 잘못했다가는 암컷에게 바로 잡아먹힐 수도 있다.

수컷 사마귀는 기회를 포착하자마자 재빨리 암컷 등에 올라타 암컷 복부 끝에 있는 생식기에 자신의 생식기를 삽입해야 한다. 교미할 때 수컷은 정신을 바짝 차려야 한다. 만약 암컷에게 조금이라도 빈틈을 준다면 암컷 역시 '이때다' 하고 머리를 획 돌려 수컷의 머리 부위를 물고 어기적어기적 먹어 버릴 것이다.

그런데 놀라운 것은, 머리 부위가 없어진 후 수컷 사마귀의 생식기가 갑자기 발기하고 암컷의 생식기 속에 더 깊숙이 삽입되어 교미가 활발하게 진행된다는 것이다.

종족 번식을 위한 교미가 절정에 달할 무렵, 암컷이 수컷을 잡아먹지만 교미는 계속 진행된다(수컷의 생식기가 여전히 삽입되어 있다).

사마귀의 이러한 성 충동은 어디서 어떻게 생기는 것일까?

수컷의 섹스 중추는 머리 부위가 아닌 복부 신경절에 있다. 우리 인간으로 말하자면 다리 사이에 섹스 중추가 분포되어 있는 것이다.

머리 부위에는 '섹스 억제 중추'만 있다.

사마귀의 여러 가지 행동은 뇌의 지배를 받는다. 하지만 섹스 행위만큼은 예외다. 암컷이 교미 도중에 수컷을 잡아먹는 행위에 대해 학자마다 서로 다른 해석을 내놓고 있지만, 일반적으로는 암컷이 배가 고프기 때문에 그리고 장차 태어날 새끼들에게 영양 보충을 해주기 위해서라고 알려져 있다. 물론 수컷이 타이밍을 잘 맞춰 달아나기만 한다면 죽음은 면할 수 있을 것이다.

수컷 사마귀가 죽음을 무릅쓰고 교미를 하는 이유는 오직 종족 번식을 위해서이다.

수컷이 암컷을 유인하는 곤충 – 바퀴벌레

바퀴벌레는 야행성 유해 위생 곤충으로 우리나라에는 10종, 세계적으로는 4,500여 종이 있는 것으로 알려져 있다.

몸에서는 광택이 나고, 형태는 납작하고 편평하며, 크기는 체장(體長) 1cm의 작은 것에서부터 남미산 블라베루스와 같은 대형까지 아주 다양하다. 체색은 보통 흑갈색 또는 다갈색인데 간혹 연한 녹색이나 금속성 녹색을 띠는 것도 있다.

바퀴벌레 역시 산화석으로 3억 2천만 년 전에 출현하여 지금까지 그 형태가

바퀴벌레

변하지 않은 가장 원시적인 곤충 중의 하나다. 집 바퀴벌레가 서식할 수 있는 최적의 온도는 23℃로 따뜻하고 습하고 어두운 곳을 좋아한다. 일반적으로 열대 지역이나 온화한 기후 지역에서 흔히 볼 수 있다.

해충의 종류는 많지 않지만(30종) 그중 일부는 상당한 피해를 줄 뿐만 아니라 아주 불쾌한 냄새를 풍기기도 한다. 바퀴벌레의 식성은 잡식성이다. 퇴치는 살충제로 하지만 붕산에 설탕가루, 빵가루를 배합시켜 먹이로 주면 임신이 안 되어 확산을 막을 수 있다. 이질바퀴는 몸 크기 40mm 내외로 적갈색을 띠며 옥외나 옥내의 주방이나 지하실 등에서 서식한다.

성충시기는 약 1년 6개월이며 암컷은 50개 이상의 알주머니를 낳는데 한 개의 알주머니 속에는 20여 개의 알이 들어 있다. 이 알들은 45일 후에 부화한다. 그리고 약충 시기는 1년 정도 지속된다. 이 종류는 미국의 열대 지역이나 아열대 지역에 서식한다. 대부분의 바퀴벌레는 옥내 해충으로서 연한 갈색을 띠며 앞가슴 부위에 두 개의 검은띠가 있다.

일반적으로 곤충의 세계에서는 암컷이 성페로몬을 분비하여 수컷을 유인하고 짝짓기를 하지만 바퀴벌레의 경우는 그렇지 않다. 바퀴벌레는 수컷이 암컷을 유인하여 짝짓기를 한다. 그리고 암컷은 교미 후 3일 만에 알주머니를 만들어 약 20일간 몸에 지니고 다닌다. 크기가 작아 시장 바구니나 상자 속에 묻혀 집 안으로 유입되며 선박을 통해 전 세계로 퍼진다. 심한 경우 1년에 3세대 이상을 거치는 경우도 있다. 수컷은 암컷에 비해 몸 색깔이 연하며 날개가 잘 발달되어 있다. 암컷의 날개는 작고 기능성이 거의 없다. 이 종류는 집 안 어디서나 볼 수 있는데 가령 의류, 목제품 그리고 그림이나 마루의 갈라진 틈에 산란한다. 우리나라가 겨울 난방 수단으로 연탄을 사용하던 시기에는 많이 퇴치되기도 했는데 새로운 난방 수단이 개발되면서 비교적 저온의 환경에서도 잘 번식해 올 수 있었다.

잔날개바퀴벌레는 가장 지저분한 옥내 해충들 중 하나다. 몸의 형태는 난형(卵形)이고 몸 색깔은 빛나는 흑색 또는 암갈색이며 크기는 3cm 미만이다. 잔날개바퀴벌레는 이질 바퀴와 비슷한 생활사를 가지고 있다.

가정에서 바퀴벌레를 퇴치하는 방법 중 하나는 농발거미 몇 마리를 키우는 것이다. 농발거미가 가장 맛있게 먹는 먹잇감이 바로 바퀴벌레이기 때문이다.

특이한 생식기의 소유자 – 빈대

빈대는 노린재류 빈대과에 속하는 곤충으로 전 세계적으로 75종이 보고되어 있지만 우리나라에는 빈대와 반날개빈대 두 종만이 서식하는 것으로 알려져 있다.

빈대 하면 가장 먼저 떠오르는 것이 현대그룹의 고 정주영 회장이다. 살아생전에 정주영 회장은 종종 '빈대 철학'에 대해 이야기하곤 했다.

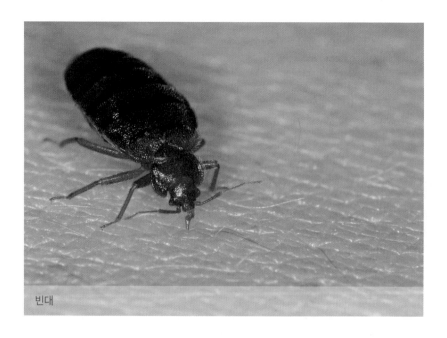

빈대

빈대는 우리 인간뿐 아니라 정온 동물의 피를 빨아먹고 산다. 빈대의 몸길이는 5mm 내외이고 체색은 적갈색이다. 몸은 넓고 편평하며 흔적뿐인 비늘 모양의 날개는 눈에 띄지도 않고 또 하는 기능도 없다. 빈대가 풍기는 특이한 기름 냄새는 발향선(stink gland)에서 나오는 분비물 때문이다. 암컷은 단일 생식 기간에 200여 개의 알을 낳으며 1년에 3세대 이상을 거친다.

빈대는 체외 기생충인 모기, 이, 벼룩과 같이 인간을 성가시게 하는 기생충으로 사람이 사는 곳 어디에나 서식한다. 낮에는 은신처에 숨어 있고 밤에는 먹이를 찾아다니다가 다시 은신처로 돌아와 여러 날 동안 먹이를 소화시킨다. 성충은 굶주린 상태에서 2년을 견딜 수 있을 만큼 생존력이 강하다.

존 롱은 자신의 저서 《가장 섹시한 동물이 살아 남는다》에서 '성(性) 진화 과정'에 대한 흥미로운 이야기를 들려주고 있다. 고생물 학자인 저자는 화석에 나타난 '암수간의 성행위 장면' 연구에 심혈을 기울인 결과 3억 8천만 년 전부터 짝짓기가 이루어 졌다는 사실을 밝힐 수 있었다.

암컷과 수컷의 교미라는 측면에서 성은 말초 신경과 관음증을 자극하는 행위에 불과하다. 그러나 교미 자체는 종족 유지를 위한 원초적 수단이자 종족 번식을 위한 최후의 수단이다.

곤충이나 거미 같은 절지동물의 성(性)만큼 기이하고 야수적이며 뒤틀린 것도 없을 것이다. 빈대의 경우 암컷의 생식기는 몸 안에 숨겨져 있지만 초승달 같이 생긴 수컷의 생식기는 암컷을 난자(亂刺)하고 겁탈하는 수단이 된다. 게다가 수컷은 경쟁자의 고환에 자신의 정액을 집어넣기 위해 동성 강간도 불사한다. 한마디로 암컷 수컷 가리지 않고 무조건 상대방을 공격하여 상대방 몸

안에 정액을 쏟아 붓는 것이다. 빈대는 개방 혈관계를 갖기 때문에 림프를 통한 정액의 전달이 가능하다(암컷의 생식기로 전달할 수 있다). 빈대의 무차별적 짝짓기 방식은 비단 암컷에게만 국한되는 것이 아니다. 즉 동성끼리 짝짓기 하는 모습도 쉽게 관찰할 수 있다는 말이다.

빈대의 세계에서도 미모가 뛰어나면 요절을 면하기 어렵다. 상처뿐인 영광인 것이다.

우리도 조심해야 한다. 빈대가 사람 피만 빨아먹는 것이 아니라 자신의 정액까지 쏟아 부을 수 있으니까 말이다.

하트 모양으로 짝짓기하는 실잠자리

잠자리목 실잠자리과의 실잠자리는 전 세계적으로 85속 수백 종이 보고되어 있으며 우리나라에는 1924년 일본 곤충학자 오카모토(Okamoto)에 의해 처음 보고된 이래 39종이 서식하는 것으로 알려져 있다.

몸길이 3~4cm에 가늘고 긴 몸을 가진 실잠자리는 배가 원주형으로 생겼고 날개에는 부분맥이 없다. 또한 제1 둔맥이 있고 주맥의 제2 지맥은 길이가 길다. 결점 앞 가로맥이 두 개 있고 날개 밑 부분이 가늘어져 자루 모양을 형성한다. 앞뒤 날개의 크기가 거의 같고 겹눈은 서로 떨어져 있다. 먼 거리를 날지 못하고 정지할 때는 날개를 곧게 세운다. 유충은 몸이 가늘고 길며 꼬리 아가미가 길다. 그리고 유충의 가느다란 (잎 모양의) 꼬리는

실잠자리

수직으로 붙어 있다. 아랫입술은 중편이 불룩하고 넓으며 앞 가장자리에 흠이 없다. 유충은 주로 수초가 많은 웅덩이나 연못에서 산다.

실잠자리가 짝짓기하는 장면은 연못이나 개울가에서 흔히 볼 수 있다. 은빛으로 반짝이는 암수가 하트 모양으로 짝짓기하는 모습은 신비로움 그 자체다. 수컷 실잠자리의 꼬리가, 집게 모양을 한 암컷의 목 부분을 잡고 신호를 보내면 암컷의 배 부분에 있는 생식기와 맞닿으며 짝짓기가 이루어지는데 이때 암수가 뒤엉켜 있는 모습이 하트 모양을 연상시키는 것이다.

실잠자리의 짝짓기는 수컷의 배 끝에 있는 교미 부속기로 암컷의 목 부위를 잡는 것에서부터 시작된다. 암컷의 목 부위를 잡은 수컷은 배 아홉 번째 마디의 '정자 생산소'에 보관되어 있는 정자를 두 번째, 세 번째 마디의 저정낭(貯精囊)으로 옮긴다.

이것을 이정 행위라고 하는데 암컷의 목을 잡은 수컷이 짝짓기하기 전에 배를 구부려 이정 행위를 하는 것이다. 경우에 따라서는 암컷을 만나기 전에 수컷 혼자서 이정 행위를 하기도 한다(수컷 실잠자리 혼자서 자기 배를 구부렸다 폈다 하는 것을 볼 수 있다). 저정낭으로 옮겨진 정자는 짝짓기하는 과정에서 암컷의 몸속으로 옮겨지는데 이때 수컷의 정자를 받아들이는 외부 생식기가 배 끝 부분에 있어 짝짓기하는 모습이 마치 하트 모양처럼 보이는 것이다.

귀뚜라미의 짝짓기

절지동물인 귀뚜라미는 귀뚜라미과에 속하는 불완전 변태 곤충으로 전 세계에 3천 종 이상이 있는 것으로 알려져 있다. 우리나라에는 현재 14종이 보고되어 있다.

귀뚜라미의 몸길이는 3mm에서 4cm까지 매우 다양하다. 생김새는 배와 등이 평평하여 땅 위에서 살기에 적합하게 되어 있다. 몸 색깔은 주로 갈색 계통

귀뚜라미

의 흑갈색이지만 청솔귀뚜라미처럼 연한 녹색인 경우도 있다. 더듬이는 체장보다 길며 꼬리 끝 부분에 산란관이 있다. 앞날개는 배 길이보다 짧으며 뒷날개는 퇴화했다. 알은 땅속에서 월동하다가 8~10월에 성충이 되어 밖으로 나온다. 겹눈은 그다지 크지 않으며 더듬이는 실처럼 가늘다. 뒷다리는 길지만 앞다리는 짧다.

매미와 마찬가지로 귀뚜라미 역시 수컷이 소리를 내는데 이때 수컷은 앞날개를 비벼 소리를 낸다. 수컷이 우는 경우는 자신의 영역을 알리고자 할 때, 싸움을 할 때, 종족 보존을 위해 암컷을 유인할 때 등이며 각각의 경우에 서로 다른 소리를 낸다. 대부분의 귀뚜라미가 사람이 사는 집 주변이나 땅 위 초지에서 살지만 물에서 사는 귀뚜라미도 있다.

수컷 귀뚜라미는 우는 스타일이 다르다. 어떤 녀석은 밤새워 울고 또 어떤 녀석은 20~30초만 운다. 수컷이 내는 애달픈 '사랑의 울음소리'에 유혹당한 암컷이 접근해 오면 숨어 있던 다른 수컷이 마치 자기가 밤새워 울던 놈인 척 잠깐 울어 주고는 뻔뻔스럽게 암컷 위에 올라타 버린다. 이처럼 암컷을 차지하기 위해 치사하고 야비한 짓을 일삼는 이유는 암컷들에게 정자를 제공하려는 수컷들이 많기 때문이다. 그만큼 수컷들이 씨를 퍼뜨리기가 어렵다는 말이다.

섹스 중에 귀뚜라미가 내는 교성은 인간이 내는 교성보다 훨씬 더 요란하다. 귀뚜라미는 날개 안쪽의 활로 바깥쪽 날개의 마찰판을 문질러 소리를 낸다. 날씨가 선선해지는 가을이 되면 귀뚜라미 소리가 한결 맑아진다. 초저녁부터 울기 시작하는 수컷 귀뚜라미는 밤을 새우며 운다. 윗날개를 하늘 높이 치켜든 채 좌우로 비벼 소리를 내는 일은 결코 쉽지 않은 육체 노동이다.

수컷들이 아무리 잘났어도 암컷의 몸을 거치지 않고는 자신의 유전자를 후세에 남길 방법이 없다. 그래서 이 세상의 모든 수컷은 암컷의 간택을 받기 위해 때로는 치사한 짓도 불사할 수 밖에 없는 것이다. 수컷으로 태어나 앞뒤 안가리고 뚜벅뚜벅 자신의 길을 걸어가기란 그만큼 더 어려운 법이다. 다시 한번 영국의 리처드 도킨스가 쓴 《이기적 유전자》가 생각난다.

수중에서 짝짓기하는 물자라

절지동물인 물자라는 노린재목 물장군과에 속하는 곤충이다. 체형이 납작
하고 몸길이는 2㎝ 내외이다. 등면이 편평하고 긴 타원형이어서 꼬리 쪽으로
갈수록 폭이 넓어진다. 측면에서 보면 돌 틈을 자유롭게 지나다닐 수 있을 만
큼 납작하게 생겼다. 몸 색깔은 갈색 또는 황갈색이고, 겹눈 색깔은 광택이 나
는 암갈색이다. 촉각은 네 마디인데 그중 두세 마디는 옆면이 손가락처럼 길고

물자라

끝마디는 엄지손가락처럼 생겼다. 중간 다리와 뒷다리는 납작하게 생겼고 가는 털이 톱니처럼 촘촘히 나 있다. 표면적이 넓은 두 쌍의 다리는 물자라가 앞으로 전진할 때 추진력을 제공한다. 머리는 폭이 넓은 세모꼴로 앞쪽으로 튀어 나와 있고 주둥이는 짧고 단단하다.

얕은 연못이나 웅덩이에 사는 식물의 줄기나 뿌리 근처를 잘 살펴보면 물자라를 쉽게 발견할 수 있다. 물자라의 입은 먹이를 찔러 체액을 빨아먹기 쉽게 발달되어 있는데 그 모양이 마치 새의 부리 같다. 튼튼한 주둥이는 먹이의 단단한 근육을 뚫고 들어가는데 바로 이 주둥이를 통해 단백질 가수분해 효소를 주입시켜 가수분해된 먹이의 체액을 흡수하는 것이다. 물자라의 후부에는 신축성 있는 호흡관이 있는데 이 관이 하는 역할은 몸이 물속에 잠겼을 때 수면 밖으로부터 공기를 얻는 것이다.

물자라의 호흡 방식에는 세 가지가 있다. 첫째, 비행 중에는 날개와 복부 표면 사이에 배열되어 있는 여러 개의 기공으로 호흡한다. 둘째, 수중에 있을 때는 꽁지 끝 부분에 있는 호흡관으로 호흡한다. 셋째, 물속 깊은 곳으로 잠수해야 할 경우에는 공기 거품 형태로 산소를 공급받는다. 이 공기 거품은 물자라의 복부에 배열되어 있는 기공들에 부착되어 있다. 이 공기 거품은 물속의 산소를 여과시켜 물자라의 기공 안으로 산소를 전달하는 기능을 한다.

물자라의 짝짓기는 물장군의 경우와 마찬가지로 수컷이 물장구를 쳐 암컷을 유인하는 방식으로 이루어진다. 물장군과 다른 점이 있다면 짝짓기와 산란 모두 수중에서 한다는 점이다. 짝짓기를 마친 암컷은 수컷의 등 위에 알을 낳는다. 수컷의 등이 수많은 알로 뒤덮이는 것이다. 이때 산란하는 알의 수는 약

150개 미만이다.

　물자라 역시 부성애가 강한 동물이다. 왜냐하면 수컷이 알을 등에 지고 다니기 때문이다. 수컷의 등을 뒤덮은 알은 산란 후 약 1~2주 만에 부화한다. 부화한 후 몇 시간 동안은 옅은 노란색을 띠지만 그 후에는 암갈색으로 변한다. 물자라는 불완전 변태 곤충이기 때문에 새끼들이 엄마를 많이 닮을 수밖에 없다. 그리고 성충이 된 물자라는 겨울이 되면 물속에 쌓여 있는 나뭇잎 속에서 월동을 한다.

친족끼리 짝짓기하는 쌍살벌

쌍살벌은 절지동물 말벌과에 속하는 곤충으로 전세계에 분포하고 있다. 여왕벌은 늦여름이나 가을에 수벌과 짝짓기를 하고 홀로 겨울을 지낸다. 그리고 이듬해 봄이 되면 난소가 발달하기 시작하고 난소의 발달이 무르익을 무렵 자신의 왕국이 될 둥지를 짓기 시작한다. 이때 둥지는 이전에 사용하던 것을 보수해서 사용하거나 가옥의 벽면, 나무 틈새 등에 새로 짓는다.

쌍살벌

쌍살벌이라는 이름은 날아다닐 때 맨 뒷다리를 축 늘어뜨린 모습이 창살 또는 부채살을 닮았다 하여 붙여진 이름이다. 몸길이는 2㎝ 내외로 말벌보다 작고 가슴과 복부 사이가 가늘고 유선형이며 복부 마디가 자루처럼 되어 있다. 또한 쌍살벌은 둥지 모양으로도 구별이 가능하다. 말벌의 둥지는 딱딱한 외피로 덮힌 커다란 구형(배구공 크기의) 둥지로 벌집 내부가 보이지 않지만 쌍살벌의 둥지는 외피가 없고 아래쪽으로 트인 종 모양을 하고 있어 벌집 안에 있는 알과 애벌레의 모습이 훤히 들여다보인다. 집 외벽에 집을 짓는 벌이라면 말벌보다는 쌍살벌일 가능성이 크다. 쌍살벌은 다른 벌보다 군집의 수가 적고 크기가 작기 때문에 간혹 장수말벌 같은 말벌에게 털리는 경우가 있다.

봄과 여름에 부화하는 암벌은 수벌이 없어 짝짓기를 하지 못하기 때문에 엄마벌을 도와 집을 늘리거나 어미가 낳은 어린 동생들을 돌보게 된다. 엄마벌은 알을 낳고 애벌레 돌보는 일만 한다.

여름이 끝나 갈 무렵, 알과 유충들이 둥지를 가득 메우게 되면 엄마벌이 죽는다. 그 후에 자식들이 짝짓기를 하지 못한 채 알을 낳는데 이 알에서는 수벌만이 부화한다. 가을이 되면 엄마벌이 죽기 전에 남긴 유충들이 모두 암벌이 된다. 그러면 수벌과 암벌들이 합쳐져 둥지가 북적거리게 된다. 그 후 수벌이 번데기에서 깨어나면 엄마벌이 몸집이 큰 암벌이 되어 깨어난다. 모든 암벌은 같은 집에서 기다리고 있던 수벌들과 짝짓기를 하는데 결국 족보가 이상해지고 만다. 즉 이모와 조카가 짝짓기를 하는 셈이다. 짝짓기를 마친 수벌은 얼마 못 가 죽게 되고 추운 겨울을 혼자 견뎌 낸 암컷은 새봄이 되면 군집 생활의 새로운 주기를 맞이한다.

세상에서 가장 긴 생식기를 가진 따개비

  따개비는 절지동물 따개비과에 속하는 갑각류이다. 과거 오랜 시간 동안 따개비는 연체동물의 부족류인 것으로 알려졌지만 19세기에 영국의 찰스 다윈 (C. Darwin)이 '따개비는 연체동물이 아니라 절지동물 갑각류의 일종'이라는 사실을 밝혀냈다.

  원래 갑각류의 다리는 10개지만 따개비는 12개의 다리를 가졌다. 딱딱한 석

따개비

회질 껍데기로 덮여 있는 원뿔 모양의 절지동물인 것이다. 따개비는 바위, 거북이 등, 굴 껍질, 고래, 선박 등의 표면에 들러붙어 무리 지어 산다. 물에 잠기면 위쪽의 구멍으로 발을 내밀고 물을 흡수하여 플랑크톤을 잡아먹는다. 몸길이는 15㎜ 미만이며 보통 6회 정도 탈피하여 두 개의 껍질을 갖는 유생이 되고바위 등에 붙어 따개비가 된다.

모든 따개비는 해양성이고 난생이다. 해변의 암초나 말뚝, 배 밑에 붙어서고착 생활을 하기 때문에 연체동물(예를 들면 조개)로 오해할 수도 있는데 유생 시절에는 바다 속에서 부유하며 살다가 적당한 곳에 붙어 평생 고착 생활을 한다. 따개비의 특성상 해안가 바위에 손도 댈 수 없을 만큼 다닥다닥 붙어있어서 근처를 지나다니는 사람들이 다치기 쉽다.

몸은 각판 안에 거꾸로 서 있는 원추 모양을 하고 있으며 머리와 '여섯 쌍의다리가 달린' 가슴으로 구성되어 있다. 입은 있어도 복부는 없고, 머리에는 눈도 없고 촉각도 없다. 대개의 경우 따개비는 자웅동체다.

이 세상의 동물 중 가장 긴 생식기(페니스)를 가진 동물이 바로 따개비이다.해안가 바위에 붙어 있는 따개비는 자웅동체이지만 마치 자웅이체처럼 다른개체의 따개비와 짝짓기를 한다. 그래서 이쪽 바위에 붙어 있는 따개비와 저쪽바위에 붙어 있는 따개비가 짝짓기를 할 경우 생식기를 최대한 길게 뻗어야한다. 바로 이 때문에 생식기의 길이가 길어질 수밖에 없는 것이다.

따개비는 고생대 실루리아기에 출현하였으며 현재 지구 상에는 200여 종의 따개비가 서식하고 있다. 따개비는 보통 맛이 고약해 잘 먹지 않는데 울릉도에 서식하는 따개비는 그 맛이 전복과 비슷해서 따개비죽, 따개비국수, 따개비밥 등의 재료로 쓰인다(동물분류학상으로 봤을 때, 이것은 따개비가 아니라 삿갓조개이다).

　따개비는 고착 생활, 독립 생활을 하지만 기생 생활을 하는 따개비도 있다. 그중 게에 기생하는 따개비, 일명 주머니벌레는 게의 생식 능력을 없애 버리기도 한다.

　기생따개비는 원래 자유 생활을 하던 따개비에서 기생하는 따개비로 진화했는데 게의 뱃속으로 침투하여 게의 생식기를 자신의 알로 가득 채우고 게로 하여금 자기 알을 보살피게 만든다. 심지어 수게를 암게로 전환시키기까지 하는데, 그 이유는 암게가 수게보다 알을 훨씬 더 잘 돌보기 때문이다.

모성애와 부성애

거미의 모성애

모성애(母性愛, maternal affection)의 사전적 의미를 살펴보면 "생활력이 불충분하고 발달이 미약한 유아에 대한 어머니의 애정으로 특히 보호, 염려, 돌봄, 접근, 접촉, 생리, 심리적 욕구를 만족시키는 행동 등에 의해 표현된다. 동물의 암컷들 또한 이와 유사한 행동을 보이는데 우리는 이것을 '모성애'라 부른다. '모성애'라는 말에는 종족 보존의 생물학적 의미와 함께 사회적 조건

늑대거미

이나 의지적 작용의 의미가 포함되어 있어 '모성욕'이라는 말보다 훨씬 복잡한 구조를 가지고 있다"라고 되어 있다.

모든 동물은 자기 자식에 대해 사랑과 관심과 애착을 갖는다. 여기서는 모성애가 가장 강한 거미를 소개하고자 한다.

현재까지 밝혀진 전 세계의 거미 종류는 112과 44,540종에 달하며, 우리나라에만도 46과 746종의 거미가 있다. 이 중에서 늑대거미와 염낭거미의 모성애를 소개하려고 한다.

거미가 짝짓기를 끝내면 암컷 거미가 알을 낳는데 산란은 봄부터 여름까지가 가장 왕성하다. 거미 알은 알주머니에 싸여 보호되며, 촘촘하게 짜인 알집은 내수성과 내풍성이 강하다. 알주머니의 모양은 구형, 다각형, 방추형 등 종에 따라 다양하다. 우리가 알아주지 않아도, 심지어 혐오스럽고 징그럽다며 멀리해도, 애틋하고 아름다운 '거미의 모성애'는 변함없이 세대를 이어 가는 끈이 되고 있다. 또한 거미에 대한 좋지 않은 선입견에도 불구하고, 흔히 '해충'이라 불리는 벌레들을 먹고 사는 거미의 타고난 습성 덕분에 사람들은 알게 모르게 거미의 덕을 보며 살아가고 있다. 즉 거미는 100% 이로운 익충(益蟲)이다.

포식자의 모습으로만 묘사되는 거미에게도 뜨거운 모성애가 존재한다. 암컷은 한 번에 보통 200-300개의 알을 낳고 거미줄로 알집을 만든다. 거미가 알집을 만들 때에는 그 어느 때보다 정성스럽고 정교한 기술을 사용하고 또 알집을 매달기 위한 연결 고리도 매우 튼튼하게 만든다. 두껍게 만든 알집은 보온은 물론 외부의 충격으로부터 보호하는 역할도 할 수 있다. 암컷은 수컷의 정자에서 생성된 알을 모두 낳는다. 또한 암컷은 튼튼한 거미줄을 이용해 알의 보금자리도 만든다. 거미줄로 잘 짜인 알주머니는 적정한 온도와 습도를 유지하여 알의 부화에 적합한 환경을 제공하기도 한다.

배회성 거미인 늑대거미는 거미줄을 치지 않고 배회하면서 먹이를 사냥하는 아주 적극적이고 능동적이며 활동이 왕성한 거미다.

따스한 봄날이면 암컷 늑대거미들이 알주머니를 실젖에 달고 열심히 기어다니는 모습을 야외에서 쉽게 관찰할 수 있다.

여름이 되기 전, 실젖에 달고 다니던 알집에서 알들이 부화하면 300여 마리의 새끼들이 탄생한다. 이때부터 모성애가 본능적으로 작용하게 되면, 늑대거미는 그 많은 새끼들 모두를 자기 등에 업고 다니며 돌보기 시작한다.

그래서 일본 거미 학자들은 늑대거미를 '고모리구모', 즉 애보는 거미라고 부른다. 일부 짓궂은 거미 학자들은 이처럼 등에 새끼 거미를 잔뜩 업은 늑대거미 두 마리를 채집하여 며칠씩 굶긴 다음 싸움을 시킨다. 그러면 허기진 어미 두 마리는 싸우기 마련이다. 결국 강자가 약자를 잡아먹기 마련인데 중요한 것은 싸우는 와중에도 상대의 새끼 거미를 자기 등에 업고 다니며 잘 보호한다는 것이다. 어쩌면 우리 인간보다 더 나은 것 같기도 하다.

그런가 하면 염낭거미의 모성애는 정말 엽기적이다.

태양이 내리쬐는 무더운 여름날 엄마 거미가 시원한 바닷가나 강가, 냇가 등에서 주변의 부들갈대나 억새 같은 볏과 식물의 잎으로 산실(産室)을 만들어 산란을 하게 되면, 첫 번째 탈피를 한 새끼거미들이 엄마 거미에게 달려들어 그 살을 뜯어먹는다. 엄마 거미가 새끼거미를 위해 몸 바쳐 헌신하다가 일생을 마치는 것이다.

태어나자마자 고아가 되는 살모사

　서울대학교 문리대 이학부 동물학과에 합격한 나는 신체검사 과정에서 결핵 환자 판정을 받았다. 학교 측에서 "6개월 내에 치유가 안 되면 휴학을 해야 한다"고 했기 때문에 나는 나이스라짓드, 파스 같은 결핵 치료약을 매일 한 주먹씩 먹었다. 그때 생각에 결핵이 다 낫고 나면 위장에 다시 이상이 생길 것 같아 한의사에게 찾아가 자문을 구했더니 영양 섭취를 잘하라는 것이었다(특히 우유, 보신탕, 뱀탕 같은 것을 많이 먹으라고 했다). 당시만 하더라도 야외에 나

살모사

가면 다양한 종류의 뱀을 잡을 수 있었다. 나는 주말마다 채집을 나가서 살모사 같은 뱀을 많이 잡아 끓여 먹었다. 그 덕분에 2학기 재신검을 무사히 통과했을 뿐만 아니라 한국의 살모사에 대해서도 많은 것을 알게 되었다. 한국의 대표적인 살모사로는 쇠살모사, 살모사, 까치살모사(칠점사)가 있다.

동물의 '생명 탄생'은 산란 또는 출생에서부터 시작된다. 닭, 구렁이, 붕어와 같이 직접 알을 낳는 것을 난생이라 하고, 살모사, 구렁이, 망상어, 가오리 같이 모체 내에서 발생을 계속하여 부화한 후 모체에서 새끼 상태로 나오는 것을 난태생이라 하며, 토끼, 소, 사람과 같이 모체 내에서 영양분을 공급받아 어느 정도 발달한 후에 태어나는 것을 태생이라 한다.

살모사(Viper snake, 殺母蛇)를 한자(漢字)로 풀이해 보면, 殺은 죽인다(kill)는 뜻이고 母(mother)는 어머니라는 뜻이다. 즉 살모사란 어머니를 잡아먹는 뱀을 뜻한다. 난태생을 하는 살모사는 새끼 상태로 태어난다 해도 모체로부터 영양분(젖)을 공급받지 못하기 때문에 모체를 잡아먹음으로써 부족한 영양분을 섭취하고 성장한다. 그래서 살모사라는 이름이 붙여진 것이다. 속설에 의하면, 출산을 앞둔 살모사는 비탈이나 낭떠러지로 가서 새끼를 낳는다. 새끼들과 떨어져 있고 싶은 것이다. 살모사는 태어나자마자 고아가 되고, 살모사의 유일한 무기인 독은 점점 더 독해진다. 즉 자기 자신을 보호하기 위해 점점 더 강력한 독을 지니게 된 것이다.

현재까지 우리나라에 서식하는 것으로 알려진 뱀 종류는 모두 16종이다. 하지만 최근 들어 몸보신용으로 남획되면서 개체수가 급격히 줄어들었다.

크기별로 쇠살모사(소), 살모사(중), 까치살모사(대)의 순으로 나눌 수 있는

데 보통은 40~60cm 이내다. 재미있는 사실은 이 세 종류의 진화적 유연관계가 서로 다르다는 것, 즉 가장 작은 쇠살모사와 가장 큰 까치살모사의 유연관계가 가장 가깝고 중간 크기의 살모사는 상대적으로 먼 유연관계를 갖는다는 것이다.

하지만 독의 성분과 특성에 있어서는 또 다른 유연관계가 성립된다. 쇠살모사와 살모사의 독은 출혈독이고 까치살모사의 독은 신경독이다.

출혈독은 독 자체가 혈액 내에서 세포 분해 효소로 작용하기 때문에 혈구(적혈구, 백혈구 등)와 혈관을 파괴하고 근육 조직까지 파괴하며 심한 경우 혈관을 타고 올라가 계속해서 출혈을 일으킨다(용혈 현상을 일으켜 혈관 내벽을 파괴할 뿐만 아니라 적혈구 용혈과 조직세포 파괴로 내출혈을 일으킨다). 한마디로 말해서 독이 세포를 파괴하는 것이다.

출혈독의 경우 해독을 해도 제대로 치료가 되지 않는다(약한 독의 경우 피하 출혈 등을 지속적으로 일으킨다). 또한 출혈독으로 사망하게 되면 시체가 굉장히 지저분해진다. 온몸이 퉁퉁 붓고 피범벅이 되기 때문이다. '출혈독에 의한 사망'의 주된 원인은 대량 출혈과 중요 장기 손상이다.

신경독은 신경세포(보통은 뉴런)를 마비시킨다. 신경독에 중독되면 힘이 빠지고 정신이 혼미해지며 호흡도 힘들어진다(심장 박동, 폐의 움직임 등 모든 것이 신경의 지배를 받기 때문이다). 그리고 입과 목, 호흡근 등이 마비된다. 신경독으로 사망하게 되면 시체가 비교적 깨끗하다.

까치살모사의 경우 몸이 크고 굵기 때문에 쉽게 알아볼 수 있지만 쇠살모사와 살모사는 쉽게 구분이 가지 않는다. 살모사와 쇠살모사의 차이점은 다음과 같다.

1. 현장에서 살모사와 쇠살모사를 비교하기란 결코 쉬운 일이 아니다. 간단히 구별하기 위해서는 둥근 반점무늬의 테두리가 얼마나 두껍고 짙은지 살펴봐야 한다. 살모사의 경우 둥근 반점무늬 테두리가 매우 두껍고 짙지만(두 개 이상의 비늘줄에 걸쳐 검정색이 퍼져 있다), 쇠살모사의 경우 그 테두리가 흐린 갈색을 띤다(한두 개의 비늘줄에 걸쳐 검정색이 퍼져 있다).

2. 혀와 꼬리의 색이 서로 다르다. 살모사가 검은 혀와 연노랑색 꼬리를 가졌다면, 쇠살모사는 붉은 혀(또는 살색의 혀)와 검은색 꼬리(또는 몸 색깔과 거의 동일한 색의 꼬리)를 가졌다.

3. 뺨(눈 뒤쪽)에 나타나는 두껍고 짙은 줄무늬의 색이 서로 다르다. 살모사의 줄무늬가 짙은 검정색을 띠는 반면, 쇠살모사의 줄무늬는 그보다 연한 갈색을 띤다.

고약한 냄새를 풍기는 노린재

    한라산 1500m 고지에 주로 사는 대륙늑대거미와 제주늑대거미를 채집하기 위해 등반을 겸해 산에 오르는데 길옆에 산딸기가 먹음직스럽게 열려 있어 조금 쉴 겸 딸기 따 먹기에 여념이 없었다. 그런데 나는 먹던 딸기를 뱉어 버리고 말았다. 이유인즉 크고 잘 익은 딸기를 먹는다는 것이 그만 노린재가 먹다 버린 딸기를 먹었던 것이다.

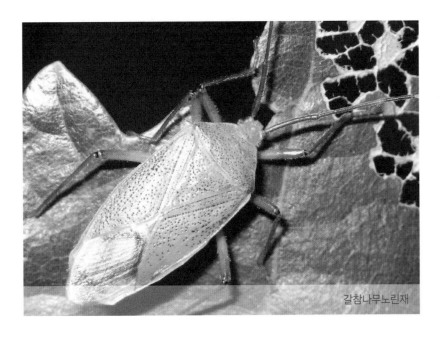

갈참나무노린재

노린재는 독특한 노린내를 풍겨 상대방으로부터 자신을 보호한다. 또한 노린재는 모성애와 부성애가 아주 강하여 우리 인간에게 큰 감명을 주기도 한다. 전 세계적으로 약 4만여 종의 노린재가 있으며 우리나라에는 500여 종이 서식하는 것으로 알려져 있다.

노린재의 친족은 다양하다. 육상 생활을 하는 무리가 제일 많은데 대부분의 노린재가 여기에 포함된다. 불완전 변태를 하는 노린재는 해충인 경우가 대부분이지만 그중에는 침노린재, 쐐기노린재, 긴노린재, 집노린재 같은 익충도 있다. 노린재는 특유의 노린내를 풍김으로써 적의 접근을 막는다.

즉 어린 새끼일 때는 배의 등 쪽에 냄새샘 구멍이 열려 있고 어미일 때는 뒷가슴의 등 쪽이나 양쪽 측면이 열려 있다.

노린재의 냄새샘에는 바깥쪽으로 열린 작은 구멍이 있는데 그 개구부의 주

흰솜털검정장님노린재

변을 증발면이라고 한다. 이 부분의 표면은 거칠거나 작은 입자들이 흩어져 있는 경우가 대부분인데, 냄새샘에서 분비되는 물질이 여기서 증발하는 것이다.

냄새샘의 구조는 종에 따라 다르다. 하지만 일반적으로는 한 쌍의 구부러진 끈으로 되어 있다. 또한 주머니 모양으로 되어 있어 개폐를 조절할 수 있다.

노린재가 분비하는 '고약한 냄새의 물질'은 외부 자극의 강도에 따라 그 양의 차이가 심하다. 물론 암컷이냐 수컷이냐에 따라 풍기는 냄새도 다르다.

일반적으로는 수컷의 냄새가 더 약하다. 또한 적에게는 고약한 냄새를 풍기지만 사랑하는 연인에게는 샤넬 향수나 크리스천 디올 향수를 능가하는 성페로몬을 분비하여 이성을 유혹하기도 한다. 또한 늑대거미, 염낭거미와 같이 모성애나 부성애를 지닌 것들도 있다.

무더운 여름날에 매미들이 합창을 하고 서늘한 가을밤에 귀뚜라미들이 슬

흰무늬긴노린재

피 울듯, 노린재 무리도 소리를 낸다. 즉 발음기관이 있어 소리를 낼 수 있는 것이다.

침노린재의 경우 앞가슴배판에 있는 세로 홈에 가로로 된 주름이 많아 이 주름면과 주둥이 끝을 마찰시켜 소리를 낸다.

광대노린재는 배의 제5, 제6 배판 중앙선의 양쪽 융기선 부분을 뒷다리 종아리 마디의 안쪽 돌기로 마찰시켜 소리를 낸다.

그런가 하면 뒷가슴과 접히는 배의 등면 양쪽에 줄판이 있고 날개 뒷면 기부 근처에 돌기처럼 나 있는 치열을 마찰시켜 소리를 내는 노린재도 있다.

에사키뿔노린재는 자신이 낳은 알이 완전히 부화할 때까지 온갖 정성을 다해 키운다. 우리 인간도 눈여겨 배워야 할 것 같다.

천축잉어와 가시고기의 자식 사랑

동물행동학적 관점에서 보면 모성애는 1차적인 사랑이고 부성애는 2차적인 사랑이다. 부성애는 확인과 믿음이 있어서 형성되는 것이다. 가령 아이를 낳은 엄마가 틈날 때마다 애 아빠인 남편에게 "눈이 아빠 닮았다", "코가 아빠 닮았다"라고 계속 말해 주는 것이다. 동물 중 부성애가 가장 강한 것이 바로 천축잉어와 가시고기이다. 태평양 연안에 서식하는 천축잉어는 암컷이 알을 낳으면 수컷이 그 알을 입에 담아 부화시킨다. 알을 입 속에 담은 수컷은 아무것도 먹지 못해 점점 쇠약해지다가 알들이 부화할 때가 되면 급기야 모든 기력을 잃고 죽고 만다. 만약 죽음이 두렵다면 입안에 있는 알들을 뱉어 버리

천축잉어

면 그만이겠지만 수컷 천축잉어들은 죽음을 뛰어넘는 사랑을 선택한다.

또한 가시고기는 우리나라에서 멸종 위기 동물 2급으로 지정된 어류로서 물이 맑은 하천이나 수초가 많은 곳에서 서식한다.

수초 따위로 구형의 집을 짓는 수컷은 암컷을 유인하여 산란하게 한 후 알을 부화시키기 위해 계속 몸을 앞뒤로 움직여 산소를 공급한다.

산란 시기는 4월부터 7월까지이며 수컷은 새끼가 부화해 헤엄쳐 나올 때까지 알과 새끼를 보호한다.

이 땅의 수많은 사람이 아버지라는 이름으로 살아가고 있다. 누구 하나 위로해 주는 사람 없는 그 무거운 자리! 그러고 보니 단 한 번도 아버지의 어깨를 따뜻하게 안아 준 적이 없다. 왠지 부끄럽고 미안한 마음뿐이다. 이제 누군가의 아버지로 살아가다 보니 내 아버지의 묵직한 사랑을 깨닫게 되는 것이다. 여러분의 위대한 아버지께 사랑을 고백해 보시라. 오늘도 아버지의 이름으로 살아가는 남자들이여!

가정에서 아버지의 자리가 좁아지고 사회적으로 아버지가 짊어져야 할 짐

가시고기

도 갈수록 무거워지고 있다. 하루하루의 삶이 어렵고 힘들어도 여러분에게는 믿음직한 자식들이 있다. 여러분은 언제나 든든한 남편이고 위대한 아버지라는 사실을 잊지 말아야 한다. '가족(Family)'의 어원이 무엇인가? 'Father and mother I Love You'의 첫 글자들을 합성한 것 아닌가! '가족'이라는 말은 생각만 해도 눈물이 핑 도는 따뜻한 단어다.

새끼의 먹이가 되는 애어리염낭거미

애어리염낭거미는 절지동물문 거미강 거미목 장다리염낭거미과 어리염낭거미속에 속한다. 그리고 어리염낭거미속에 여덟 종의 어리염낭거미가 포함되어 있는데 그중 애어리 염낭거미(Cheiracanthium japonicum)의 모성애가 가장 강하다.

알에서 부화한 새끼들이 어미를 잡아먹고 자라는 것인데 이를 전문 용어로 모체 포식(Matriphagy)이라고 한다. 대표적인 예로 주홍거미와 우렁이를 들

애어리염낭거미

수 있는데 내가 보기에는 생물의 생존 방식 중 가장 잔인한 방식인 것 같다.

산란 시기를 맞은 애어리염낭거미는 주로 폭염이 기승을 부리는 7, 8월에 외떡잎 식물인 볏과 식물, 부들, 갈대, 억새 등의 잎사귀를 삼각김밥처럼 말아 그 속에 200~300개의 알을 낳는다. 그리고 얼마 후 알에서 부화한 새끼들이 엄마를 잡아먹는 것이다.

'애어리염낭거미'의 의미를 풀이해 보면 '애'는 '어린아이', '아기', '작다'는 뜻이고 '어리'는 '닮다', '비슷하다'는 뜻이다. 따라서 애어리염낭거미란 '작은 염낭거미와 비슷한 거미'라는 뜻이다.

짝짓기를 마친 후 산란 시기를 맞는 암컷은, 갈대 같은 외떡잎 식물의 잎을 삼각김밥 모양으로 말아 산실을 만드는데 이때 산실의 연결 부위를 절대 떨어지지 않도록 단단히 접착시킨다. 이는 새끼들이 자신을 뜯어먹을 때 고통을 견디지 못하고 탈출하는 일이 없도록 하기 위해서이다. 재미있는 것은 이 강한 접착제에도 유효 기간이 있다는 것이다. 즉 새끼들이 엄마를 포식한 다음 산실에서 벗어나야 할 때가 되면 연결 부위가 저절로 벌어지는 것이다. 또 하나의 가설에 따르면, 애어리염낭거미 애벌레에게 산실 연결 부위를 찢을 수 있을 만큼의 강한 이빨(엄니)이 있을 수도 있다. 어느 쪽이 되었든 연구 조사를 해 볼 필요는 있을 것이다.

언제 한번 시간을 내서 이 강한 접착제에 대한 특별 연구를 수행할 계획이다. 접착제의 성분, 유효 기간 등을 구체적으로 밝혀 우리 생활에 응용하면 그 활용 범위가 매우 넓을 것이다. 생명 과학을 연구해 온 학자로서 생명의 신비함에 다시 한번 놀라움을 금할 수 없다.

부성애(父性愛)의 상징 - 가시고기

    가시고기는 큰가시고기과에 속하는 민물고기로 멸종 위기 야생 생물 1급에 속하며 국가적색목록에 등재된 보호 어종이다. 가시고기의 종류로는 가시고기, 두만가시고기, 청가시고기, 큰가시고기가 있다. 앞서 우리는 모성애가 강한 애어리염낭거미, 주홍거미, 늑대거미 등에 대해서는 이야기했지만 지구 상에서 가장 위대한 부성애(父性愛)를 지닌 가시고기에 대해서는 얼마나 알고 있

가시고기

을까?

엄마 가시고기는 알을 낳자마자 죽고 둥지를 지키는 아빠 가시고기는 먹지도 않고 잠도 자지 않은 채 새끼들에게 산소를 공급하고 먹이를 물어다 준다. 그러다가 새끼 가시고기가 스스로 자립할 수 있는 시기가 되면(15일 후) 새끼가 커 나가는 모습도 보지 못한 채 죽음을 맞이한다. 게다가 죽은 후에는 자신의 몸뚱아리마저 새끼들에게 먹이로 내주고 일생을 마감한다.

강원도 속초 쌍천, 강릉과 경상북도의 동해로 유입되는 대부분의 하천과 충청북도 제천시 의림지에 분포하며 북한, 시베리아, 중국 동부, 일본 등지에 분포한다. 빙어를 이입하는 과정에서 함께 이입된 것으로 알려져 있다. 몸은 길고 옆으로 납작하며 양옆으로 32~36개의 비늘판이 연결되어 있다. 아래턱은 위턱보다 조금 더 길다. 등지느러미에는 6~10개의 가시가 있고 배지느러미와 뒷지느러미에는 한 개씩의 가시가 있다. 체색은 회녹색이고 등쪽은 암록색, 배쪽은 은백색이며 몸 옆면에는 불규칙한 가로무늬가 있다. 각각의 지느러미에는 투명한 부착막이 있고 산란기에 수컷의 몸은 흑청색으로 변하지만 암컷의 몸은 빛깔이 변하지 않는다. 하천 또는 연못 지하수가 솟아오르는 곳을 선호하며 동물성 플랑크톤 등을 잡아먹는다. 산란기는 4~7월이며 산란기의 수컷은 수초 조각을 모아 콩팥에서 분비한 점액으로 둥지를 만든 다음 암컷을 이곳으로 유인하여 산란하게 만든다. 산란 후에 수컷은 둥지를 지키며 알을 보호한다. 가시고기의 몸길이는 7cm 내외이고 그 이상은 자라지 않는다.

가시고기 하면 조창인 작가의 소설 <가시고기>가 제일 먼저 떠오르는데, 우리의 심금을 울린 아버지의 희생과 사랑에 다시 한번 가슴이 먹먹해진다. <가

시고기>는 급성 임파구성 백혈병을 앓는 어린 아들을 살리기 위해 헌신하는 아버지의 사랑을 그린 소설로 주인공인 호연은 아내와 이혼한 후, 백혈병에 걸린 아들을 치료하기 위해 홀로 고군분투한다. 실직에 가족마저 잃은 사람이 하나뿐인 아들을 살리기 위해 급기야 자기 눈까지 팔아 아들의 수술비를 마련한다는 눈물겨운 이야기를 읽고 있노라면 이 시대의 아버지로서 참 많은 생각을 하게 된다. 과연 이 시대에는 그런 아버지가 몇 명이나 있을까?

어류에게 배우는 지혜

1991년 8월 초에 나는 여름방학을 이용해 거미 채집 겸 연어(Salmone)의 생태적 특성을 연구하기 위해 셀리코트 해협을 사이에 두고 알래스카 반도와 떨어져 있는, 우리나라 제주도보다 조금 더 큰 코디액 섬(Kodiak Island)으로 향했다. 연어는 청어목 연어과에 속하는 어류로 바다에서 살다가 민물로 와서 알을 낳고 죽는 물고기이다. 하천에서 부화한 연어는 6cm 크기로 자란 다음 다

연어

시 바다로 이동해 3~5년 정도 성숙한 뒤 다시 산란하여 부화하는 것이 특징이다. 생물학적인 문제는 이 연어가 어떻게 자신이 태어난 강으로 되돌아오느냐는 것이다. 처음에는 새들이 아침에 자기 집에서 외출한 후 저녁에 되돌아오는 귀소 본능과 같은 것으로 생각했지만 사실 생태학적인 연구가 제대로 되어 있지 않았다. 그래서 나는 코디액 섬에 있는 연어 연구소에서 어떻게 실험하고 연구하는지 살펴보러 갔다. 재미있는 것은 치어들이 바다로 이동할 때 강 바닥 흙 입자의 성질인 토성(soiltexture)을 각인하면서 지나간다는 것이고 성체가 되어 회귀할 때 치어 시절에 각인해 둔 토성을 따라온다는 것이다. 나는 엄청난 충격을 받았다. 그뿐만이 아니었다. 강으로 회귀한 성체 연어는 알을 낳은 후 알이 부화하기를 기다렸다가 갓 부화하고 나온 치어들에게 자기 살을 뜯어 먹도록 했다. 이른바 모체포식이었다. 성체 연어는 극심한 고통을 견뎌 내며

가물치

새끼들이 자신의 살을 마음껏 뜯어먹게 내버려 둔다. 결국 뼈만 남게 된 성체는 위대한 모성애도 함께 남기고 떠난다. 그래서 연어를 모성애의 물고기라고 하는 것이다.

또한 가물치의 경우 알을 낳은 엄마는 곧바로 실명하여 먹이를 찾을 수 없게 되는데 이때 부화되어 나온 수천 마리의 새끼가 엄마의 굶주린 배를 채워주기 위해 자진해서 한 마리씩 엄마의 입 속으로 들어간다. 이런 식으로 새끼들의 희생에 의존하여 엄마가 눈을 뜨게 되면 살아남은 새끼의 수는 십분의 일 정도로 줄어들게 된다. 새끼들이 엄마를 위해 희생한다 하여 가물치를 효자 물고기라고 한다.

이런 물고기들을 보면서 나는 나 자신을 되돌아본다. 살아가면서 우리는 이두 가지 역할을 모두 다 하게 된다. 물론 잘하고 있는 사람도 많지만 부모로서, 자식으로서 이 물고기들보다 잘하고 있는지 반성해 볼 필요가 있을 것이다. 연어처럼 모성애가 있는지, 가물치처럼 효심이 있는지 말이다. 부모에게 하는 만큼 자식으로부터 돌려받는다고 하지 않는가?

생존경쟁과 진화

벌레를 잡아먹는 식충식물(食蟲植物)

녹색식물은 탄소동화작용, 즉 광합성을 통해 녹말을 합성하고 영양분을 섭취하지만 식충식물은 광합성을 함과 동시에 동물성 먹이도 잡아먹는다. 통발, 끈끈이 주걱, 끈끈이 귀개, 파리지옥, 벌레잡이말, 벌레잡이 제비꽃, 네펜데스, 사리세니아 등이 식충식물의 대표적인 예다.

식충식물은 함정이나 덫으로 곤충 등을 잡아 소화효소, 세균 등으로 분해한다. 즉 잎의 형태를 한 포충낭(벌레를 유인해서 잡는 기관)으로 곤충을 유혹하여 잡아들인다. 현재 전 세계적으로 400여 종의 식충식물이 있는 것으로 알려

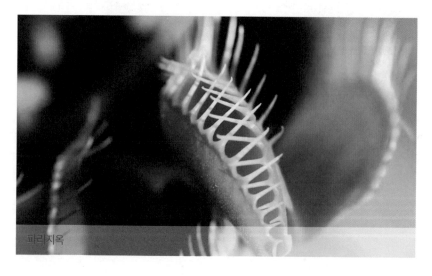
파리지옥

져 있다.

식충식물은 거의 같은 생육 환경인 습한 황무지, 습지, 늪지, 진흙이나 모래로 된 해안 등지에 주로 서식한다. 어디서 살든 기본적으로 비슷한 생태 환경을 갖는다.

식충식물은 동물의 소화 과정과 유사한 화학적 분해 과정을 거쳐 먹이를 소화하며 최종 산물인 질소화합물과 염분을 흡수한다. 단백질 분해물인 질소가 풍부한 동물성 단백질을 소화하는 것에 적응한 식물은 열악한 환경에서도 살아남을 수 있다.

식충식물이 곤충을 잡는 방법에는 다음의 세 가지가 있다.

1. 한때 내가 흥미를 갖고 키우던 네펜데스와 같이 잎이 변형된, 주머니 형태의 기관(포충낭)으로 벌레를 잡는다. 식충식물에는 여러 개의 포충낭이 달려 있는데 그 속에 수액이 들어 있어 곤충이 빠지면 곧바로 죽게 된다. 이것을 분해시켜 영양분을 흡수하는 것이다.

2. 개폐 기구가 있는 포충엽을 가진 것들 중에 육상 생활을 하는 종류로는 파리지옥이 있고, 수상 생활을 하는 종류로는 '벌레잡이말'이 있다.

3. 마지막으로, 섬모들이 밀생하여 잎에서 점액을 분비하는 끈끈이 주걱, 끈끈이 귀개, 벌레잡이 제비꽃, 털잡이 제비꽃 등이 있다.

식물의 생존 경쟁도 인간의 생존 경쟁과 다를 바가 없다. 이웃과 상부상조하기도 하고 또 자신이 어려울 때는 사기를 치거나 속임수를 쓰기도 하고 또 죽이기도 한다.

대부분의 식물은 필요한 미네랄을 토양에서 취하지만 그것이 불가능한 곳에서 사는 식물도 있다. 그런 식물은 벌레를 즐겨 먹는다. 식물 세계에서도 놀라운 일들이 많이 벌어진다. 식물이 먹이를 사냥하고 침략자와 싸우며 씨앗을 퍼트리는 모습은 식물을 연구하는 과학자들을 놀라게 한다. 식물은 인간에게 꼭 필요한 것이다.

아가미와 허파로 호흡하는 폐어
(肺魚, Lungfish)

폐어는 동물분류학적으로는 어류에 속하지만 아가미가 변해서 생긴 아가미구멍과 허파(폐)를 가진 아주 특이한 어류다. '살아 있는 화석(Living fossil)'으로 오스트레일리아, 남아메리카, 아프리카에만 서식하는 폐어는 지금으로부터 약 3억 년 전 고생대 데본기에 출현하여 중생대까지 번성하였으나 그 후

아프리카폐어

점차 쇠퇴하여 지금은 1과 3속 6종만이 살아남았다.

우리나라의 경우 서울 삼성동 코엑스 수족관에서 관상용으로 키우고 있는데 특히 아프리카 폐어는 수족관에서 키울 경우 2m까지 자란다. 턱 힘이 좋은 폐어는 미꾸라지나 개구리 뼈 정도는 가볍게 분질러 먹을 수 있다. 아프리카 폐어는 건조한 여름철에 강물이 메마르면 땅속 깊이 파고 들어가 여름잠을 자며 공기 호흡을 한다.

일반적으로 어류는 물속에서 아가미 호흡을 한다. 그렇다면 폐어는 어떻게 물속에서 살아갈 수 있을까? 폐어가 폐를 사용하는 경우는 어디까지나 늪지 같은 물속에서 산소 함유량이 부족하여 호흡이 곤란한 경우뿐이다. 폐어는 무더운 건기에는 땅속에서 여름잠을 자다가 우기가 되면 다시 밖으로 기어 나온다.

실제로 아가미가 퇴화하지 않고 온전하게 남아 있는 것은 오스트레일리아의 한 종뿐이지만 나머지 다섯 종의 폐어도 일부 퇴화한 아가미가 남아 있어 이를 아가미구멍이라 한다. 물속에 들어가면 역시 어류의 심장 활동 보조기관인 동맥원추(conus arteriosus)의 나선형 밸브가 작동하여 인두를 막아 폐로 물이 들어오는 것을 막으면서 아가미구멍의 세동맥이 열려 물속에서 직접 산소 교환이 가능하도록 되어 있다. 물속에서 육지로 나갈 경우에는 이 과정이 반대로 이루어지는데 이때 수분 손실을 방지하기 위해 아가미구멍이 자동으로 막힌다.

가늘고 긴 체형을 가진 폐어류는 언뜻 보면 뱀장어처럼 생겼다. 두 개의 허파를 가진 폐어는 가슴지느러미와 배지느러미가 채찍 모양이고 비늘의 크기는 작다. 가슴지느러미와 배지느러미는 일종의 감각기관으로 주위 상황을 감지하는 데 사용된다. 눈이 작고 시력이 약하며 후각에 의지해 작은 어류와, 새우, 게 등을 잡아먹는다. 턱은 튼튼하고 강하며 이빨이 촘촘히 나 있는 치대(teeth plate)가 있다. 폐어는 산란하기 위해 둥지를 틀며 수컷이 둥지를 지킨다. 남아메리카산인 레피도시렌 파라독사는 몸을 진흙에 묻고 여름잠을 자지만 아프리카산은 자기 몸에서 나온 분비물로 고치를 만들어 그 안에서 여름잠을 잔다. 오스트레일리아산은 위 두 지역의 폐어류보다 더욱 원시적이지만 비늘이 크다는 특징이 있다. 커다란 알은 한천질에 싸여 있으며 보통 진흙 구덩이나 수초 사이에 산란된다.

치어는 올챙이처럼 겉아가미를 가졌지만 수중 호흡을 하는 종도 있다. 겉아가미는 후에 육상 동물의 허파와 같은 조직으로 변하여 공기 호흡을 하게 된다.

공기 방울 안에서 생활하는 물거미

물거미는 1속 1종에 속하는, 세계적인 희귀종 거미로 1927년 일본의 기시다 (Kishida)와 사이토(Saito)가 일본 동물도감에 "한국에도 서식 한다"라고 기록한 이래 우리나라에서 한 번도 채집되거나 관찰된 기록이 없다.

나 또한 다년간 전국 각지를 돌아다니며 조사해 보았지만 찾을 수가 없었다. 1990년대 초, 거미 연구의 세계적 대가인 일본의 가야시마(Kayashima) 교

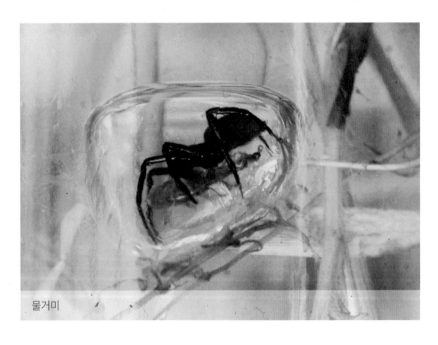

물거미

수를 초빙하여 남쪽에서 북쪽으로 이동하며 물거미가 있을 만한 호수를 15일 간 샅샅이 조사했지만 결국 찾아내지 못했다. 그러던 중에 중·고등학교 생물 교사들의 모임인 생태연구회에서 매년 가을 사진전을 개최했다. 1997년 가을 이었던 것으로 기억되는데, 서울 세종문화회관에서 열린 생태연구회 사진 전 시회에 <신비한 거미>라는 제목의 사진 한 장이 전시되어 사람들의 눈길을 끌 었다. 자세히 관찰해 보니 물거미 사진이었다. 심장이 요동치기 시작했다. 나 는 잠시 앉아 쉬면서 마음을 가다듬은 다음 사진 작가를 확인했다. 남양주시 퇴계원 중학교 생물 교사 임헌영 선생님이었다. 임 선생님은 물거미에 대한 연 구로 큰상을 받았고, 이후 교감을 거쳐 교장까지 지낸 후 퇴임했다. 나는 즉시 연락하여 선생님을 만났다. 자초지종을 들어 보니 경기도 연천군 전곡읍 은 대리 864번지 일대의 미군 탱크부대 훈련장이었다. 나는 작고한 고(故) 김병 우 박사와 함께 가서 30마리의 물거미를 채집했고 이후 물거미를 사육하면서 <한국산 물거미의 생태학적 고찰> 등 두 편의 논문을 발표했다.

원래 물거미는 물거미과 물거미속으로 분류되어 있었다. 하지만 연구가 거 듭되면서 가게거밋과 물거미속으로 분류되었고 현재는 굴뚝거밋과 물거미속 으로 분류되어 있다. 과거에 거미학은 세계적인 미개척 분야였지만 최근 30여 년간 일취월장하여 눈부신 발전을 거듭했다.

현재 전 세계적으로 114과 3,956속 45,321종이 보고되어 있고 한국에는 48과 281속 825종이 보고되어 있다. 물거미의 분포 지역은 한국, 일본, 중국, 유럽의 구북구 지역, 중앙아시아, 시베리아, 미국 등이다. 진화론적으로 모든 생물의 출발지는 물속이다. 물속에서 살다가 진화하여 육상과 공중으로 나온 것이다.

물거미도 다른 거미들처럼 육상으로 나와 살았지만 결국 육상의 환경에 적응하지 못하고 다시 물속으로 회귀한 것으로 알려졌다. 물거미는 몸에 난 수많은 털로 대기 중의 공기(O_2)를 운반한다. 그리고 그 공기로 돔형의 공기 방울을 만들어 그 속에서 산다. 수많은 공기 방울을 만들어 놓고 여기저기 옮겨 다니면서 사는 것이다. 물론 의식주 모두를 그곳에서 해결한다. 생김새는 다른 거미들과 비슷하지만 수컷이 암컷보다 큰 것이 특징이다. 수명 또한 다른 거미들과 마찬가지로 1년이며 방석 모양의 알집을 물속 수초 여기저기에 부착시켜 놓는다.

1998년에 나는 물거미를 천연기념물로 지정해 줄 것을 문화재청에 건의했다. 그 결과 물거미는 1999년 9월 18일자로 천연기념물 제412호로 지정되었다. 거미 중에도 생물 자원으로 보호해야 할 종들이 많다. 환경부는 주홍거미, 땅거미, 새똥거미 등 희귀종들을 지속적으로 연구하여 천연기념물 또는 멸종위기종으로 지정·보호해야 할 것이다.

보다 쉬운 생존 방식을 선택한 초식성 거미

　현재 지구 상에는 총 114과 45,700여 종의 거미가 서식하고 있으며 그 대부분이 육식성 거미, 즉 해충을 잡아먹는 유익한 거미들이다. 하지만 단 하나, 깡충거미의 일종인 바기라 키플링지(Bagheera kiplingi)는 초식성 거미인 것으로 밝혀졌다. 중앙아메리카와 멕시코에서 다량으로 발견된 이 거미는 간혹 개미 유충을 포식하긴 하지만 거의 대부분이 초식을 한다.《현대 생물학 Current

바기라 키플링지

Biology》지에 발표된 연구 결과에 의하면 바기라 키플링지 거미는 체구가 작은 깡충거미(jumping spider)의 일종으로서 아카시아나무를 보호하는 개미가 잠시 자리를 비운 사이 아카시아 잎새 끝을 갉아먹는 것으로 밝혀졌다.

바기라 키플링지 깡충거미가 초식성 거미라는 사실을 처음으로 밝혀낸 것은 코스타리카 브란다이즈 대학교의 에릭 올슨 교수였다(2001년). 그리고 그로부터 6년 후, 멕시코 비야노바 대학교의 학부생 크리스토퍼 미한이 바기라 키플링지 거미의 초식성을 다시 한번 관찰했다. 두 사람은 각자의 연구 내용을 종합하여 《현대 생물학》지에 논문을 발표했다. 크리스토퍼 미한 씨는 현장을 재조사하는 과정에서 아카시아나무 잎에 서식하는 깡충거미를 재관찰했다.

아카시아개미와 아카시아나무는 공생 관계에 있다. 아카시아나무는 개미에게 먹을 것을 제공하고 개미는 다른 동물의 공격으로부터 아카시아나무를 보호하는 것이다. 바기라 키플링지 깡충거미는 간혹 개미 유충을 잡아먹기는 하지만 성충 개미는 잡아먹지 않는다. 오히려 그것은 아카시아나무 잎새 끝의 벨트체(Beltian Bodies)에서 풍부한 즙액을 빨아먹는 방식으로 진화했다.

영국 지질학자 토머스 벨트의 이름을 따서 이름 지어진 벨트체는 풍부한 즙액과 단백질을 함유하고 있다. 즉 벨트체는 아카시아나무 잎자루 아래에 있는 크고 통통한 혹(속이 텅 비어 있다)을 말하는데 개미들이 이곳을 서식처로 사용함과 동시에 그 속에 맺히는 잎의 즙액을 먹잇감으로 얻는 것이다(벨트체에 맺히는 즙액에는 지방과 단백질이 풍부히 들어 있다).

관찰 조사를 수행하던 크리스토퍼 미한은 바기라 키플링지 깡충거미가 '개미를 잡아먹을 것'이라는 가설과 달리 개미떼 주변을 돌며 아카시아 잎새 끝

부분을 빨아먹는 장면을 보고 놀라움을 금치 못했다. 에릭 올슨과 크리스토퍼 미한의 연구 결과에 따르면, 바기라 키플링지 깡충거미는 개미 유충을 잡아먹기보다는 아카시아나무 잎새 끝의 벨트체를 더 많이 먹는 것으로 나타났다. 1988년에 나는 멕시코로 채집 여행을 떠났는데 그때 바기라 키플링지 깡충거미를 채집하지 못한 것이 못내 아쉽기만 하다.

그렇다면 바기라 키플링지 깡충거미가 초식성 거미로 진화한 까닭은 무엇일까? 진화생물학적인 관점에서 보면 이렇다. 원래 거미는 벌레를 잡아먹는 포식성 동물이었는데 살다 보니 먹이 구하기가 너무 힘들어서 초식성 동물로 진화한 것이다. 달리 말하면, 보다 쉬운 생존 방식을 택해야 할 만큼 세상살이가 험난했던 것이다.

파충류와 조류의 중간 형태 - 시조새

화석은 시준화석(표준화석), 시상화석, 산화석 등으로 구분하는데 시조새는 중생대의 대표적인 시준화석이다.

시준화석이란 지층의 시대를 결정하는 데 표준이 되는 화석을 말하는데 예를 들면 삼엽충은 고생대, 암모나이트와 시조새는 중생대, 코끼리 이빨과 말발

시조새

굽 등은 신생대의 대표적인 시준화석이다. 시조새는 1860년에 독일 바이에른의 졸른호펜 석회암층에서 처음으로 발견되었고 따라서 이 지층은 중생대 지층이 되는 것이다.

시상화석은 산호 같은 것으로 지형, 기후 등을 알려주는 화석이다. 예를 들어 인천 지역에서 산호화석이 발견되었다면 이는 곧 인천 지역이 과거에 연안 지역이었으며 아열대 지역이었다는 것을 의미한다.

산화석은 투구게, 잠자리, 갈르와벌레 같은 것으로 현재 살아 있는 생물이나 옛날 화석이나 진화하지 않고 그대로 남아 있는 것을 말한다.

시조새는 진화론적으로 중생대 쥐라기 수각류 공룡과와 조류의 중간 형태다. 파충류와 유사한 모습으로 크기는 까치 수준이며 해부학적으로는 두 발로 걸었다. 그러나 두개골이 조류와 비슷하였다. 오늘날의 조류와 다른 점은 이빨이 있었다는 것과 가늘고 긴 꼬리가 발달되어 있었다는 것이다. 전체 길이는 40cm 내외, 체중은 약 500g 정도였을 것으로 추정된다. 시조새는 지금으로부터 약 1억 6천만~1억 5천만 년 전에 중생대 쥐라기 키메리지세에 살았을 것으로 사료된다.

1984년 국제학술회의가 열리기 전까지 학자들은 이빨, 비늘, 깃털이 있는 것으로 봐서 파충류가 생존을 위해 비행 기술을 터득하여 오늘날의 조류로 진화하는 과정에서 생겨난 것이 시조새라고 생각했다.

이빨이 발달되지 않은 것으로 봐서 일부 절지동물과 곤충류를 주로 잡아먹었던 것으로 추정된다. 척주는 단순하며, 길고 잘 발달된 꼬리는 작은 공룡의 모습을 연상시킨다. 꼬리의 깃털이 양쪽에 일렬로 나 있고 뒷다리 끝부분에는 세 개의 발톱이 있다. 앞다리는 원시 파충류의 특성을 지녔으며 날개로 완전히 바뀌지 않은 모습이다. 조류에게서 흔히 볼 수 있는 용골돌기나 흉골의 발달이 미약한 점으로 보아 지속적으로 날아다니지는 않았을 것으로 추정된다.

　잘 발달된 깃털을 근거로 시조새를 파충류보다는 조류의 일종으로 분류하는 학자들도 있다. 또한 파충류는 변온 동물이지만 시조새는 보온성이 뛰어난 깃털을 가졌기 때문에 정온 동물로 볼 수 있다.

소를 닮은 산양

　멸종 위기 동물 1급인 산양은 소과에 속하는 동물로 1968년 11월 20일 천연기념물 제 217호로 지정되었다. 산양은 양이 아니며 양보다는 소에 가까운 희귀 동물이다.

　산양은 설악산, 대관령, 태백산 등 기암절벽으로 둘러싸인 산림 지대에 서식한다. 바위와 절벽의 정상과 산맥의 노출된 지역에서 살고 겨울철에는 폭설로

인해 다소 낮은 산림 지대로 내려오지만 서식지를 이탈하지는 않는다. 성질이 온순하여 한 번 선택한 곳에서 영구히 살며 다른 곳으로 이동하지 않는다.

일반적으로 산양은 침엽수림을 좋아한다. 그리고 남향의 양지바른 곳이나 험준한 바위 위 또는 동굴 같은 곳에서 대여섯 마리씩 무리 지어 생활한다. 산 양의 울음소리는 염소의 그것과 비슷하지만 위기에 처했을 때는 까치처럼 찢 어지는 소리로 울어 댄다. 바위이끼, 약초, 잡초, 진달래, 철쭉 잎 등을 주로 먹 는 산양은 위가 되새김 위로 되어 있다. 짝짓기를 한 후 임신 기간은 약 180일 정도이며 4월경에 두세 마리의 새끼를 낳는다. 강원도 유진면, 설악산, DMZ 지역, 오대산, 대관령, 태백산 일대에 서식한다.

산양은 외국산 산양과는 속(屬)이 전혀 다르다. 거미박물관 동물표본실에 한 쌍이 전시되어 있는데 그 특징을 간단히 소개하면 다음과 같다.

형태적 특징은 안선(顏腺)이 없다는 점이다. 겨울철에는 털이 회황색을 띠 고 등면의 정중선은 암색을 띠며 모피는 방모상(尨毛狀)이다. 주둥이에서 후 두부까지 흑색을 띠고 있고 머리 옆 부분과 입술은 회갈색에 흑색이 섞여 있 으며 입술의 다른 부분은 희고 뺨은 흑색이며, 목에는 백색의 큰 무늬가 있다. 귀는 길고 귀의 외부는 엷은 쥐색이며 기부(基部)는 암색에 녹갈색이고 안쪽 은 흰색이다. 몸 뒤쪽에 흑색의 짧은 갈기가 있으며 어깨에서 무릎으로 이어지 는 곳에는 흑색의 띠가 거모(距毛)까지 달해 있다.

뒷다리는 후각과 관절로부터 거모까지 짙은 밤색을 띠고 있고 옆면은 갈색 을 띠고 있으며 가슴과 상복부는 흑색이다.

몸길이는 130cm 내외, 꼬리 길이는 15cm 내외, 뒷다리 길이는 30cm 내외,

귀 길이는 12cm, 뿔 길이는 13cm 정도이다. 꼬리 뒷면은 갈색이고 아랫면은 백색이다. 꼬리 끝에는 흑색과 백색의 긴 털이 관절까지 달해 있다.

과거에는 우리나라에 수천 마리의 산양이 서식했지만 무분별한 포획과 서식 환경의 악화로 그 수가 계속 감소하고 있다. 최근에 환경부가 위기 관리종으로 지정해 그 수가 계속 증가하고 있으며 현재 700여 마리가 서식하는 것으로 알려져 있다.

거미의 천적 – 대모벌

절지동물인 대모벌은 대모벌과에 속하는 곤충으로 세계 여러 나라에 분포되어 있으며 양수리나 거미박물관 주변에서도 쉽게 관찰할 수 있다. 대모벌은 내가 주로 연구하는 거미류의 큰 천적으로서 주로 왕거미류, 닷거미류, 늑대거미류를 납치해 간다.

태양이 내리쬐는 여름날 땅바닥을 배회하며 기어 다니다가 날아가는 대모

대모벌

벌은 땅속에 굴을 파 놓고 연두어리왕거미를 잡아 마취시킨 뒤 자기가 파놓은 굴로 날라 와 자기 새끼에게 먹인다.

대모벌은 몸길이가 5㎝ 이상인 것도 있지만 대개가 2㎝ 내외이다. 가느다란 몸은 암색을 띠고, 날개는 칙칙한 연기 빛이나 황색을 띤다. 긴 다리에는 가시가 나 있는데 이 가시에 찔리면 심한 통증을 느끼게 된다. 대모벌은 거미의 독니(엄니) 사이 부분을 찌른 다음 두흉부와 배 부분을 다시 찔러 거미가 움직일 수 없도록 마취 시킨다. 거미를 잡아 침으로 마비시킨 다음 자기 새끼인 유충에게 먹이고 또 다른 거미를 잡기 위해 땅바닥이나 공중으로 날아다니며 먹잇감인 거미를 찾는다.

대모벌의 둥지나 작은 방은 흙 속이나 목재 기둥의 틈 또는 바위틈에 마련되어 있다. 대모벌은 거미를 잡기 전에 미리 둥지를 마련하기도 하고 또 어떤 녀석은 거미를 잡아 한쪽에 놓아 둔 다음 둥지를 만드는 녀석도 있다. 둥지 안에 거미 한 마리와 알 하나를 넣어 두면 대모벌 유충이 마취된 채 살아 있는 거미를 잡아먹는다.

유럽산 대모벌의 일종은 자기 새끼인 유충을 거미 몸속에 산란시켜 거미 체내에 살게 하는데 이때 거미는 대모벌 유충의 먹이가 되어 결국 죽는 순간까지 정상적인 생활을 하다가 죽게 된다. 마취시킨 연두어리왕거미를 운반하는 방법은 다양하다. 먹이를 앞으로 운반하는 대모벌이 있는가 하면 옆으로 또는 뒤로 운반하는 녀석도 있다. 또 어떤 대모벌은 먹이와 함께 비행을 하기도 한다.

가장 잘 알려진 대모벌은 미국 서남부에 서식하는 녀석으로 지이어리왕거미, 집왕거미, 산왕거미 등 자신보다 몇 배나 큰 거미를 공격하기도 한다.

새끼를 업고 비행하는 날여우원숭이

포유류 동물인 날여우원숭이는 척삭동물 피익목에 속하는 영장류이다. 현재 지구 상에 193종의 영장류가 살고 있는데 날여우원숭이도 그중 하나로 몸 길이는 40㎝ 미만이고 체색은 어두운 바탕에 흰 반점이 많이 박혀 있다. 발달한 비막으로 먼 거리를 날아다니는 날여우원숭이는 주로 나무 위에서 생활하며 인도네시아, 필리핀, 말레이시아 등지에 2종이 분포하고 있다.

필리핀 날여우원숭이

지상으로부터 약 1.5m 높이의 나뭇가지에 매달리는 날여우원숭이는 매달린 상태로 15분씩 수면을 취하기도 한다(원래 나무와 나무 사이를 행글라이더처럼 비행하는 것으로 유명하다). 그래서 잠잘 때는 1m 내외까지 근접하여 관찰할 수 있다. 날여우원숭이는 야행성에 초식동물이고 꼬리 길이가 25㎝ 내외, 몸무게가 1㎏ 내외이며 앞다리와 뒷다리 사이에 얇은 막이 발달해 있어 비행하기에 안성맞춤이다. 날여우원숭이가 비행하는 모습을 보면 전혀 힘들 것 같지 않지만 사실 이 비행은 아주 비효율적이고 비생산적인 비행이다. 우리가 느끼는 것과 달리 비행은 같은 거리를 뛰거나 점프하여 이동하는 것보다 훨씬 더 많은 에너지를 소모한다. 그렇다면 이렇게 많은 에너지를 소모해 가면서 비효율적인 비행을 하는 이유는 무엇일까?

비행을 하는 포유류 동물이 여럿 있지만 날여우원숭이만큼 공중에서 능숙한 몸놀림을 구사하는 동물도 없다. 심지어 몸무게 400g의 새끼를 업고 비행하기도 한다.

날여우원숭이가 새끼를 업고 비행할 때, 같은 거리를 혼자 비행할 때보다 50%의 에너지가 더 소모된다고 한다. 날여우원숭이는 새처럼 위로 날아오를 수 없고 또 비행 거리가 멀어질수록 점차 고도가 낮아지기 때문에 적당한 위치의 나무에 안착한 다음에는 다시 어느 정도의 높이까지 올라가야 한다. 수평으로 이동할 때보다는 위로 기어오를 때 에너지 소모가 더 많을 것이다(최대 비행 거리는 70m 내외이다).

'더 많은 에너지가 소모되는' 비행을 하는 이유는 시간을 절약하기 위해서다. 그리고 시간을 절약하는 이유는 짝짓기를 하기 위해서거나 먹잇감을 빨리 구하기 위해서다.

비행은 성공적인 삶의 방법으로서 포유류의 진화에서 여섯 번이나 나타났다. 현재 비행을 하는 포유류는 60종이 넘는다.

사라져 가는 희귀종

세계 멸종 위기 동물 – 장수거북이

우리나라에는 12과 24종의 거북이가 살고 있다. 그중에 내가 표본을 만들거나 사육하는 거북이가 12종이나 된다. 특히 내가 아끼고 좋아하는 거북이는 장수거북, 늑대거북, 악어거북이다. 우리 박물관에는 40만 개체 이상의 거미 표본과 1,000여 종 이상의 곤충 표본이 소장되어 있고 어류, 파충류, 조류, 포유류의 표본이 다량 소장되어 있다. 국가적으로 엄청난 재산이 아닐 수 없다. 세

장수거북이

계 각국이 핵 보유국이 되려고 애쓰는데 사실 이것은 나라뿐만 아니라 지구가 멸망하는 길이다.

머지않아 '부강한 나라를 판가름하는 척도'가 핵 보유가 아닌 '동식물의 유전자를 얼마나 많이 보관하고 있느냐'가 될 것이다. 즉 생물의 종자인 DNA가 핵심이 된다는 말이다.

오늘날 생물학 지식이 고도로 발달함에 따라 생물 고유종들은 멸종과 변종의 위기에 직면하고 있다. 만약 생물종의 오리지널이 없어진다면 지상의 동식물은 어떻게 변하겠는가? 우리에게는 각 생물종의 오리지날 DNA가 필요하다. 오리지널 DNA만 있으면 언제든지 각 생물종의 복원이 가능하기 때문이다.

우리 박물관에 있는 수많은 동물 표본들 중 보물 1호는 당연히 장수거북이다. 현재 이 표본은 한국에 하나밖에 없는 아주 귀중한 표본으로 1958년 6월 20일 동해안 경비사령부 속초 초소 부근에서 발견되었다. 당시 간첩이 침투한 것으로 오인하여 밤새도록 사격을 가했는데 동틀 무렵 확인해 보니 체중이 700kg 이상, 등딱지 두께가 2m가 넘는, 지구 상에서 가장 큰 거북이였다. 등딱지 표면이 두꺼운 가죽으로 덮여 있고(각질판이 없다) 그 위로는 일곱 개의 세로줄이 돌출해 있다. 동해안 경비사령부에서 경무대(현재 청와대)의 이승만 대통령에게 선물한 것이 우리 동국대학교에 전달되어 나한테까지 오게 된 것이다.

원래 장수거북의 서식지는 아열대 지역이나 열대 지역이지만, 온대 기후에도 잘 적응하여 가끔 우리나라를 찾아오기도 한다. 또한 장수거북이의 서식 환경은 굉장히 광범위하다. 수심 1,000m까지 들어가고 5°c~15°c의 수온에도 견디며 모래 백사장에 1m 깊이의 구멍을 파서 4~5회에 걸쳐 500개 정도의 알을 낳는다.

장수거북의 주된 먹이는 해파리이고 수명은 100세 내외로 인간의 수명과 비슷하다.

IUCA는 1982년부터 장수거북을 '세계 멸종 위기 동물'로 지정하여 보호하고 있다.

장수거북은 체온을 일정하게 유지할 수 있을 뿐만 아니라 이동하면서 먹이를 포획하기 때문에 바다거북들 중에서 가장 넓은 활동 범위와 분포 범위를 갖는다.

장수거북은 커다란 머리와 두 쌍의 다리 그리고 짧은 꼬리를 가졌다. 발톱 없는 발은 수영하기 좋도록 발달된 것이고, 발톱 있는 발은 모래사장을 잘 팔 수 있도록(그래서 알을 잘 보호할 수 있도록) 발달된 것이다. 또한 등딱지가 없는 대신 가죽 밑에 아주 작은 뼈 조직이 있어 깊은 바다 속으로 잠수할 때 수압에 잘 적응할 수 있다.

장수거북의 몸은 장거리 이동에 용이한 구조로 되어 있다. 전체적인 몸 형태가 유선형일 뿐만 아니라 큰 앞발이 있어 효율적으로 헤엄칠 수 있다.

특이한 것은 암수의 결정이다.

산란을 준비하는 장수거북은 바닷가 모래사장으로 기어 올라와 1회에 100여 개의 알을 낳는다. 이때 모래사장 깊숙한 곳에 알을 낳으면 지열에 의해 암컷이 부화되고 모래사장 얕은 곳에 낳으면 태양열에 의해 수컷이 부화된다.

원래 암수는 부모가 가진 염색체에 의해 결정되는데 거북이만큼은 예외인 것이다.

한국의 나비

한국 어린이들에게 가장 친숙한 곤충은 나비일 것이다. 동요 중에 나비를 주제로 하는 동요가 많은 것만 봐도 그렇다.

한국 나비에 대해 이야기할 때 석주명(1908~1950) 선생을 빼놓을 수 없을 것이다. 1908년 11월 13일 평양에서 태어난 석주명 선생은 1950년 10월 6일 초저녁 비명에 돌아가셨다. 상당히 부유한 집안에서 나고 자란(부친께서 평양 시내

배추흰나비

에 있는 큰 식당을 경영하셨는데 종업원 수가 100명이 넘었다고 한다) 석주명 선생은 어릴 적부터 애완동물을 좋아하여 비둘기, 토끼 같은 동물을 키웠다.

비록 공부에는 별 관심이 없었지만 어쨌든 석주명 선생은 한번 결심하면 목적을 이루고야 마는 집념의 사나이였다. 일제 말기의 어지러웠던 사회상을 반영하듯 석 선생은 숭실고보에서 송도고보로, 송도고보에서 다시 대구고농으로 전학하여 1927년에 졸업을 했고 이후 일본 가고시마고등농림학교를 졸업하면서 한국 나비 연구에 심취하게 되었다. 석 선생이 송도고보 교사를 거쳐서울 국립과학관 연구원이 되었을 때 선생의 정열적이고 뜻 깊은 한국 나비연구가 절정을 맞이했다. 1931년, 한국 나비 연구에 본격적으로 착수한 석주명선생은 한국의 나비가 844종이라는 일본 곤충학자들의 주장(일본 곤충학자들은 형태나 무늬에서 조금만 다른 특징을 보여도 신종으로 정리했다)이 과장된것이라고 보고 한국의 나비는 248종이라고 바로잡았다(〈조선산 나비 총목록〉,

붉은점모시나비

1940). 전국을 누비며 75만 마리 이상의 나비를 채집한 것이 결실을 거둔 것이었다.

특히 주목해야 할 점은, 16만여 마리의 배추흰나비를 채집하여 무늬, 넓이, 길이를 측정했다는 것이고, 이를 기초로 그 유명한 변이곡선을 만들었다는 것이다.

한국 나비 중에서 가장 흔하게 볼 수 있는 나비가 바로 배추흰나비다. 일반 곤충의 경우 암컷이 수컷을 유인하기 위해 성페로몬(Sex pheromone)을 분비하지만 배추흰나비는 그렇지 않다. 흔히 볼 수 있는 것처럼, 배추나무 위에 다소곳이 앉아 있는 암컷 배추흰나비가 햇빛 중의 자외선을 이용해 그것을 발사하면 수컷 배추흰나비들이 반사된 자외선을 따라 지그재그로 날아 암컷에게 접근하는 것이다.

짝짓기를 끝낸 수컷 배추흰나비는 암컷의 생식기 입구(질구)에 체액을 분비한다. 그리고 그 체액이 응고되면 생식기 입구가 막힌다(다른 수컷들이 접근하지 못하도록 질구를 막아 버리는 것이다). 결국 동물 생태계에서 수컷은 종족 보존을 위해 자신의 DNA를 퍼뜨린 다음 생을 마감하는 것이다.

지금까지 우리는 '가장 흔히 볼 수 있는' 배추흰나비에 대해 살펴봤다. 이제 환경부 보호 2종으로 등록된 붉은점모시나비에 대해 알아보자.

붉은점모시나비는 세계적으로도 희귀한 한지성 나비, 즉 겨울에 부화하는 나비다(일반 나비는 겨울에 부화하지 않는다). 12월 초 알에서 부화한 다음 애벌레 상태로 한겨울을 지내는 것이다. 붉은점모시나비의 알은 영하 48℃까지 견디고, 애벌레는 영하 28℃까지 견딘다. 왜냐하면 몸 속의 항동결 물질이 일반 곤충에 비해 1,600배나 많기 때문이다.

붉은점모시나비가 세계적인 멸종 위기종이라는 사실도 중요하지만, 그것이 가진 항동결 물질을 밝혀내는 일도 대단히 중요하다(밝혀내기만 한다면 다른 동물들은 물론 우리 인간의 월동 대책도 세울 수 있을 것이다). 내가 학교에 다니던 시절에는 석굴암으로 올라가는 토함산 비탈에서도 붉은점모시나비를 많이 발견할 수 있었다.

토함산 언덕의 붉은점모시나비들은 이미 오래전에 멸종했고 강원도 강촌과 등선폭포의 붉은점모시나비들 역시 모두 멸종했다. 현재 붉은점모시나비를 발견할 수 있는 곳은 원주, 삼척 등 세 곳에 불과하다.

멸종의 주된 원인은 지구 온난화지만 이보다 더 심각한 원인은 개발이라는 미명 아래 기린초의 서식지를 마구 파괴해 버렸기 때문이다. 게다가 일부 수집가들의 불법 채집도 큰 문제가 되고 있다. 몇 년 전부터 복원 사업이 시작되었는데 부디 인공 증식된 붉은점모시나비가 널리 보급되어 삼천리 금수강산을 더욱 빛냈으면 좋겠다.

씨가 말라 버린 장수하늘소

장수하늘소는 딱정벌레목 곤충강에 속하는 '환경부 지정 멸종 위기 1급 곤충'이자 천연기념물 제218호로 지정된 귀한 곤충이다.

내가 학교에 다닐 때만 해도 경기도 광릉 숲에 가면 쉽게 관찰하고 채집할 수 있었지만 지금은 거의 씨가 말라 버린 듯한 장수하늘소, 비록 산림 해충이지만 품위와 멋에 있어서만큼은 장군의 위용을 과시한다. 장수하늘소가 처음

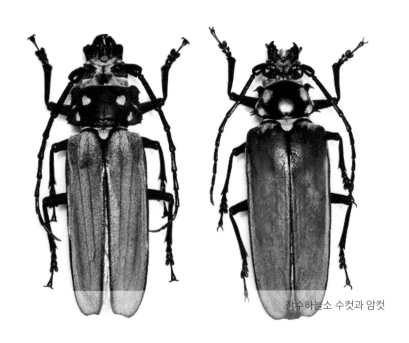

장수하늘소 수컷과 암컷

채집된 곳은 러시아의 블라디브스토크이지만 현재는 동북 시베리아, 만주, 한국의 광릉, 강원도 오대산, 소금강 등지에서 서식하고 있다.

1980년대 중반 MBC 보도부 임홍식 기자와 서영호 촬영사가 찾아와 자연의 세계에 관한 90분짜리 다큐멘터리를 촬영하고 싶다고 했다. 나는 <천적의 세계>라는 작품의 촬영·제작을 1년간 지도·자문한 적이 있는데 바로 그때 광릉에서 처음으로 장수하늘소의 생태를 기록했다.

성충은 주로 7~8월경에 나타나고 교미를 끝낸 암컷은 100여 개의 알을 낳는다. 알에서 부화한 애벌레는 주로 서나무, 물푸레나무, 들배나무, 신갈나무 줄기 속에 터널 같은 구멍을 뚫어 그 속에 들어가 산다. 애벌레 피해를 입은 나무는 대부분 높이가 3~10m인 나무들과 줄기 둘레가 100~300cm인, 비교적 오래된 고목들이었다. 애벌레들은 땅속 50cm 지점부터 지상 600cm 지점까지 아주 넓게 분포되어 있었다.

재미있는 현상은 봄에 진달래꽃이 만발하는 지역을 살펴보면 특이하게도 산의 북쪽 방향으로만 꽃이 만발해 있다는 것이다. 장수하늘소도 나무 줄기의 북쪽 방향으로만 피해를 입힌다. 이것은 아마 햇빛에 의한 수분 및 온도 변화가 북쪽보다는 남쪽이 더 크기 때문일 것이다.

줄기의 나무질부 속에서 U자 모양을 하고 있는 애벌레는 머리를 위로 하고 복부 제7절은 구부린 상태로 생활한다. 다 자란 애벌레는 몸길이가 130mm 내외로 한국 곤충들 중에서 제일 크다. 이렇게 큰 애벌레가 줄기 나무질부 속을 휘젓고 다니니 나무는 결국 속이 비어 죽고 마는 것이다.

알, 애벌레, 번데기 과정을 거쳐 부화한 성충은 줄기 밖으로 탈출하는데 이

때 뚫린 구멍은 지름이 5cm 내외이며 탈출한 성충은 거대한 몸을 추슬러 자기가 좋아하는 활엽수, 즉 밤나무나 참나무의 나무진을 찾아나선다. 워낙 덩치가 커서 비행할 때의 행동 반경도 좁고 또 밤나무나 참나무 줄기에 제대로 내려앉지 못해 땅바닥으로 굴러 떨어졌다가 다시 날아올라 달라붙는 일이 허다하다. 장수하늘소의 애벌레는 나무의 목질부를 먹고 살지만 성충은 밤나무, 참나무, 서나무, 물푸레나무 줄기의 상처 부위에서 나오는 나무진을 먹고 산다.

장수하늘소는 292종의 하늘소과 곤충 중 가장 큰 종으로 가슴 양쪽 가장자리에 톱니 모양의 큰 돌기가 있다. 수컷의 머리는 검은색이고 겹눈을 제외하고는 황색의 잔털로 덮여 있으며 이마에는 한 개의 세로 홈이 있다. 크고 견고한 턱은 위쪽으로 굽어 있고 바깥쪽으로는 한 개의 가지가 나 있다. 수컷은 앞가슴 등판에 광택이 없지만 암컷은 광택이 있다. 몸 아랫부분은 광택 있는 흑갈색이고 중앙을 제외한 나머지 부분은 황색의 짧은 털로 덮여 있다.

산림 해충이지만 잘 보호해야 할 곤충이 바로 장수하늘소이다.

독성 강한 전갈

전갈은 절지동물문 거미강에 속하는 동물로 거미류와 상당히 가까운 관계에 있다. 거미강은 다시 11목으로 나뉘는데 그중 우리나라에 서식하는 것은 거미목, 응애목, 통거미목, 의갈목, 전갈목이다. 문제는 전갈목인데 50여 년간 채집과 조사를 해 온 나도 아직 전갈목을 채집한 적이 없다. 기록에는 황해도 구월산, 황주 지역, 충남 계룡산에 서식한다고 되어 있는데, 1년 동안 매달 한 번

전갈

씩 2박 3일 일정으로 계룡산을 조사하고 다녔지만 전갈목은 발견할 수 없었다. 황해도는 현재 북한에 속한 지역이라 채집 조사를 할 수 없는 상황이다. 하루 빨리 통일이 되어 구월산이나 황주 지역에서 전갈 채집을 할 수 있었으면 좋겠다.

전갈은 전 세계적으로 1,100여 종이 있는데 만약 한국에 전갈이 있다면 그것은 극동전갈(Buthus matensii)일 것이다. 이 많은 종류의 전갈들 중에 맹독성을 지닌 것은 약 25종에 불과하다. 우리나라의 경우 1489년에 이맹손(李孟孫)이 최초로 중국에서 들여와 사육했다는 기록이 있다.

서식 상태에 따라 전갈은 열대나 아열대의 건조한 사막에 서식하는 종과 습한 삼림지대에 서식하는 종으로 구분할 수 있다. 일반적으로 몸길이는 6~8cm 정도이고 몸은 두흉부(頭胸部)와 긴 복부로 이루어져 있다. 두흉부는 큐틴질의 딱지로 덮여 있고, 마디가 진 복부에는 여덟 개의 다리가 있다. 첫 번째 다리에 집게발이 달려 있고 두흉부는 거의 삼각형이다. 복부 앞부분은 넓적하고 복부 뒷부분은 가는 꼬리 모양으로 여섯 개의 마디가 져 있다. 끝마디에는 항문과 독샘이 있고 그 끝에 달린 독침으로 적을 찔러 죽인다. 야행성인 전갈은 낮에는 돌이나 풀 밑에 숨어 휴식을 취하다가 밤이 되면 활동을 시작한다. 곤충을 독침으로 찔러 잡아먹는 것이다.

1990년대 중반 미주 지역 국립공원 전체를 답사하기로 한 나는 제일 먼저 라스베가스에 사는 김진동 씨(동국대학교 생물학과 졸업생)를 만나 저녁 식사를 했다. 내가 타란툴라 채집이나 전갈 채집이 가능한 곳으로 안내해 달라고 하자 김진동 씨는 미드 호수(mead Lake)에 가면 쉽게 채집할 수 있다고 했다.

차로 몇 시간을 달려 목적지에 도착한 나는 곧바로 채집을 시작했다.

그때 내가 채집한 종(種)은 데스 스토커(Death stalker: Leiurus quinquestriatus)였다. 체색(體色)이 노란색이고 몸길이가 6cm 내외인 데스 스토커는 반수 치사량(Lethal Dose 50, 피실험 동물에 실험 대상 물질을 투여할 때 피실험 동물의 절반이 죽게 되는 양을 말한다. 독성 물질의 경우, 해당 약물의 LD50을 나타낼 때는 체중 kg당 mg으로 나타낸다)이 매우 낮은 혼합 신경독을 보유하고 있기 때문에 아주 위험한 종이다. 그래서 채집한 후에도 채집통 관리를 잘해야만 한다. 현재 데스 스토커는 거미박물관에 잘 보관되어 있다. 그리고 1998년에 한국학술진흥재단 지원으로 북경에 갔을 때(이때 나는 중국과학원 방문 교수 자격으로 갔다) 나는 첸준(Chen Jun) 박사의 안내로 북경 야시장을 찾아가 독성 강한 전갈, 그것도 살아 있는 전갈을 맛있게 튀겨 먹었다. 그리고 그중 일부는 산 채로 가져와 거미박물관에서 사육하기도 하였다.

겁쟁이 천산갑

포유류인 천산갑은 주로 아시아와 아프리카 열대 지역에 서식한다. 말레이시아어로 '구르다'라는 뜻의 Pangolin(천산갑)은 현재 8종이 생존해 있다. 천산갑은 북극곰보다 더 위험한 상황에 처해 있는 멸종 위기 동물인데 세상에는 별로 알려지지 않았다.

천산갑의 크기는 종에 따라 다르지만 일반적으로 30cm에서 1m까지 다양

천산갑

하며 암컷이 수컷보다 작다. 천산갑의 긴 혀는 복강까지 뻗어 있는데 큰천산갑의 경우 혀를 40cm까지 내보낼 수 있다. 뇌는 문제를 해결하는 부분이 고도로 발달되어 있다. 얼굴의 양옆과 복부를 제외하고는 모두 중첩되는 회색 또는 갈색 비늘로 덮여 있다. 머리는 작고 짧으며 원추형이다. 눈은 작고 눈꺼풀이 두꺼우며 주둥이는 길고 이빨이 빈약하다. 다리는 짧고 다섯 개의 발가락에는 날카로운 발톱이 있다. 꼬리는 몸체의 길이와 거의 비슷하고 둥글게 감을 수 있으며 뒷다리들과 함께 삼각으로 몸을 받쳐 준다.

아프리카산 검은배천산갑과 귀천산갑은 나무 위에서 살지만 큰천산갑 등은 육상 생활을 한다. 천산갑은 대부분 야행성이고 썩은 나무 동굴 속에서 생활하며 수영은 약간 할 수 있는 정도다. 육상 생활을 하는 천산갑은 굴속에서 생활한다. 천산갑은 주로 흰개미를 먹지만 그 외의 다른 개미나 곤충도 잡아먹는다. 천산갑은 발달된 후각으로 먹이를 찾을 수 있고, 앞발로 곤충의 보금자리를 파헤쳐 잡아먹기도 한다. 천적들을 막는 보호 수단으로 커다란 항문샘에서 악취가 나는 물질을 분비하거나 몸을 축구공처럼 둥글게 말아 비늘이 천적을 향하도록 하여 방어를 하기도 한다. 천산갑은 겁이 많으며 홀로 또는 쌍으로 지낸다.

임신 기간은 120~150일이며 아프리카산 천산갑은 보통 1회에 한 마리씩 낳지만 아시아산 천산갑은 1회에 세 마리까지 낳는다. 갓 태어난 새끼의 몸무게는 80~450g이며 비늘은 아직 굳지 않아 연약한 상태이다. 어미가 이동할 때 새끼는 어미의 꼬리 위에 착 달라붙는다. 천산갑의 가슴에는 거대한 침샘이 있는데 이 침샘에서 분비되는 끈적끈적한 타액으로 개미를 잡는다.

굴속에서 생활하는 천산갑은 생후 2~4주간을 굴속에서 보내기도 한다. 태어난 지 3개월이 되면 젖을 떼고 두 살이 되면 성적으로 완전히 성숙해진다.

과거에 천산갑은 개미핥기, 나무늘보, 아르미딜로와 함께 빈치류로 분류되었다. 그 이유는 남아메리카에 서식하는 개미핥기와 외형상 매우 닮았기 때문이다. 그러나 천산갑은 해부학적 특징에 있어 빈치류와 많은 차이를 보인다. 천산갑의 수명은 20년 미만이며 체중은 1.8kg에서 33kg까지 매우 다양하다.

우리나라에만 있는 크낙새

딱따구리과 까막딱따구리속에 속하는 크낙새는 천연기념물 제197호로 지정된 희귀종 새이다(우리나라에서는 크낙새 서식지를 천연기념물 제 11호로 지정하여 보호하고 있다).

울 때 '크낙크낙' 또는 '클락클락' 운다고 해서 크낙새라는 이름이 붙은 이 새는 침엽수, 밤나무 등 높은 교목이 우거진 삼림지대에 서식한다. 한국 전쟁 이전에 황해도, 금강산, 경기도, 강원도, 경상도 일대에서 흔히 볼 수 있었던 크낙새는 1970년대 들어 남한에서 거의 멸종 된 것으로 여겨질 정도로 개체수가 줄었다. 하지만 1974년에 한 쌍의 크낙새가 광릉에서 발견되었고 1979년에는 그 생태상이 모두 밝혀졌다(1993년 광릉에서 발견된 것이 공식적으로는 마지막 크낙새였다).

크낙새

거미박물관 동물표본실에 70여 종의 천연기념물 표본이 있지만 남양주 소재 박물관들 중 크낙새 표본을 소장한 박물관이 하나도 없다고 하니 참으로 개탄할 노릇이다. 나는 우연한 기회에, 크낙새를 소장한 후배를 만나 귀한 화석 한 점과 교환하기로 하고 아주 어렵게 크낙새 표본을 소장하게 되었다. 크낙새의 몸길이는 암수 구분 없이 45cm 내외이고 수컷의 머리 정상에는 진홍색 깃털이 있다. 북한에서는 클락새라고 부르고 남양주 광릉 지역에서는 콜락새라고도 부른다.

광릉의 크낙새 서식지는 남양주시 진접읍, 별내면, 지둔면 그리고 포천군 소흘면과 내촌면이다.

광릉은 조선의 7대 왕인 세조와 그의 왕비인 윤씨가 묻힌 곳으로 능 주변의 숲이 조선왕조 460여 년간 엄격하게 보호되었기 때문에 크낙새가 둥지를 틀 수 있는 울창한 숲도 유지될 수 있었다.

6·25 전쟁으로 많은 것이 변했지만 그럼에도 불구하고 이 지역의 자생 식물은 800종이 넘는다.

크낙새는 우리나라에만 서식하는 진귀한 새로서 학술적 가치가 클 뿐만 아니라 한국과 일본이 대륙으로 연결되어 있었음을 입증해 주는 '살아 있는 자료'로서도 큰 의의를 갖는다.

<광릉 내 소나무 생태에 관한 연구>로 석사학위 논문을 준비할 때 나는 몇 달간 광릉수목원에 거주한 적이 있었다. 그때 광릉수목원을 거닐고 있으면 '탁 타다다닥', '크낙크낙' 하는 소리가 수시로 들렸는데 이제는 '아! 그리운 옛날이여!'가 되고 말았다. 1993년 광릉에서 마지막으로 발견된 후 20년이 지났지만

크낙새에 대한 소식은 전해지지 않는다. 혹시 북한에 살아남은 크낙새가 있다면 그 알이라도 얻어 부화시키는 '복원 사업'을 추진해야 할 것이다. 환경부는 크낙새가 국내 야생에서 완전히 사라진 것으로 간주하고 크낙새를 멸종 위기종 해제 후보로 지정했다.

백령도 점박이물범

    백령도 점박이물범은 바다표범과에 속하는 멸종 위기 야생동물 2급으로 1982년 11월 4일 천연기념물 제331호로 지정된 포유류 동물이다. 전 세계적으로 점박이물범은 황해, 베링해, 오츠크해 등 북태평양 온대 및 한대 해역에 주로 서식한다. 겨울철에는 중국 랴오둥만의 유빙 위에서 새끼를 낳고 봄부터 가을까지는 백령도와 황해 도서 연안에서 먹이를 잡으며 휴식을 취한다.

점박이물범

1996년 여름방학을 이용해 나는 동국대학교 생물학과 동물분류생태학 연구실 학생 22명을 인솔하여 백령도로 거미상 학술조사를 떠났다. 두무진 앞바다의 코끼리바위와 형제바위 사이의 작은 바위들 위에서 한가롭게 휴식을 취하는 점박이물범의 수가 과거에는 수천 마리였지만 최근에는 200~300마리로 줄었다고 하니 큰 문제가 아닐 수 없다. 개체 수 감소의 원인으로는 해양 오염, 온난화, 연안 개발 등을 꼽을 수 있을 것이다.

우리나라의 자랑스러운 자연 유산인 백령도 점박이물범은 봄부터 가을 사이에는 백령도 두무진에 가면 쉽게 볼 수 있지만 사실은 아주 희귀한 동물이다. 몸길이는 1.4m 내외이며 체중은 90kg 내외이다. 바다 표범 19종 중 제일 작은 동물이다. 몸 색깔의 변이가 많으나 대체로 회색에서 황갈색이며 등과 옆에 검은 반점이 나 있다. 놀래미, 명태, 청어 등의 물고기와 대형 플랑크톤을 잡아먹는다. 번식기가 되면 수컷이 여러 마리의 암컷을 거느리는데 동중국해 보하이 해(Bohai sea)의 랴오둥만(Liaodong Bay) 빙하 위에서 출산하며 번식기는 1월에서 2월까지다. 그 후 초봄에서 여름까지 먹이가 풍부한 남쪽 바다로 이동하여 백령도 인근 해안에 서식한 후 겨울이 되면 다시 북상하는 것으로 알려져 있다.

백령도로 찾아오는 300마리 내외의 점박이물범(평균 수명 약 30년)은 생물의 유전적 다양성이라는 측면에서 봤을 때 안정적 개체군이라고 할 수 있지만 외부적 요인에 의한 생태계 파괴, 환경 오염, 남획 등의 행위가 증가하고 있으며 시급한 관리 대책이 필요한 실정이다.

현재 점박이물범의 이름이 혼용되고 있다. 백령도 물범은 국명으로는 '잔점박이물범'이라고 해야 정확하지만 일반적으로는 '점박이물범'이라고 부르고 있다.

또한 물범, 바다표범, 물개, 바다사자, 바다코끼리 등 지느러미 모양의 다리를 가지고 수중 생활에 완벽하게 적응한 해양 포유류를 가리켜 '기각류'라고 한다. 점박이물범도 기각류에 속하지만 다른 기각류에 비해 '암수 크기'의 차이가 크지 않아 육안으로는 암컷과 수컷을 구분하기 어렵다.

거미박물관 동물표본실에 점박이물범 표본 한 점이 소장되어 있는데 주둥이는 비교적 짧고 수염이 나 있다. 앞발의 제1, 제2 발가락은 제3 발가락보다 길다. 점박이물범의 피부는 짧고 부드러운 털로 덮여 있는데 1년에 한 번 이상 털갈이를 해야 방수와 보온 기능을 유지할 수 있다.

위턱의 뺨니가 가장 큰 것이 특징이다. 젖꼭지는 한 쌍이고 이빨은 34개이다. 암컷은 3~4세에 성적으로 성숙하며 출산 직후 곧바로 짝짓기를 한다. 임신 기간은 11개월이다.

환경부, 해양수산부, 인천광역시가 합심하여 점박이물범 보호에 만전을 기해주길 바랄 뿐이다.

빙하기에 멸종한 동굴곰 뼈 화석

거미박물관의 세계적인 자랑거리 중 하나가 바로 동굴곰 뼈 화석이다. 동굴곰 뼈 화석은 1971년 10월 3일 동국대학교 동굴탐험부가 강원도 명주군 석병산에서 수직동굴을 발견함으로써 찾아낸 정말 귀중한 화석이다. 동굴곰은 24만 년 전 마지막 빙하기 때 멸종된 곰으로 가장 거대했던 곰들 중 하나였다. 동굴이라는 이름이 붙여진 이유는 대부분이 동굴에서 발견되었기 때문일 것이다. 현존하는 불곰보다 더 많이 동굴에서 살았을 것으로 여겨진다.

동굴곰 뼈 화석

동굴곰 뼈 화석이 중요한 이유는 기후 변화를 예측할 수 있는 중요한 자료를 화석으로 확인할 수 있기 때문이다. 동굴곰 생존 당시에 아열대였던 지역이 현재는 거의 대부분 온대 지역인데 온대 지역이 기후 변화에 의해 다시 아열대 지역으로 회귀하고 있다. 현재 생존해 있는 곰들이 겨울에 휴면할 때를 제외하고는 동굴에서 활동하지 않았기 때문에 더더욱 그랬을 것이다.

동굴곰은 넓고 큰 돔형의 몸과 가파른 이마를 가졌다. 그리고 동굴곰의 긴 다리는 현존하는 곰들의 다리보다 훨씬 더 길었고 몸무게는 암컷이 약 250kg, 수컷이 500kg 정도였을 것이다. 현존하는 곰들보다 덩치가 훨씬 더 컸으니 먹기도 더 많이 먹었을 것이다. 식성은 잡식성이었을 것이고 적극적인 사냥보다는 죽은 시체를 먹고 다니는 청소부 역할을 했을 것이다. 분포 지역은 유럽 전역, 러시아, 북이란, 아시아 일부 등이다.

인간과의 관계가 어땠는지는 정확하게 밝혀지지 않았다. 하지만 빙하기에 인간이 남긴 유물 속에서 동굴곰의 가죽이나 뼈로 만든 물품이 발견되었고 동굴곰이 그려진 동굴 벽화도 발견되었다.

동굴곰의 시체를 연구한 결과 대부분이 휴면 중에 최후를 맞이한 것으로 나타났다. 다른 곰들의 경우와 마찬가지로 휴식을 취하고 있을 때가 가장 취약한 것이다. 동굴곰이 인간의 무분별한 사냥에 의해 멸종되었다는 학설도 있지만 이를 입증할 만한 증거는 없다. 몇몇 화석을 통해 피해를 입은 사실을 확인할 수는 있지만 인간의 사냥이 종 자체를 위협한 것 같지는 않다.

곰이 극심한 추위를 이겨 내기 위해서는 (휴면 생활을 위한) 동굴 같은 피난처가 있어야 한다. 하지만 우리의 환경은 그렇지 못한 것 같다. 동굴곰은 환경적 요인에 의해 멸종했을 수도 있고, 생존 경쟁에서 패배함으로써 멸종했을 수도 있다.

수중 생활에 적합하게 진화한 물장군

물장군은 노린재목 물장군과에 속하는 곤충으로 2013년 5월 31일 멸종 위기 야생동식물 2급으로 지정되었다. 내가 어렸을 때는 논이나 연못, 물웅덩이에서 쉽게 물장군을 잡을 수 있었다. 하지만 물질 문명이 발달하고 환경이 오염되면서 육지에서는 더 이상 물장군을 찾아볼 수 없게 되었다. 현재 강화도, 제주도 등 극히 일부 지역에서만 발견되는 것으로 알려진 물장군은 몸길이가

물장군

10cm도 안 되지만 노린재목에서는 가장 큰 편에 속한다.

물장군의 짝짓기는 다른 곤충들의 짝짓기와 달리 수컷의 유인 행동에서부터 시작된다. 수컷은 중간 다리를 이용해 초당 3회 정도의 물장구를 쳐서 암컷을 유인한다. 물장구를 치는 동안에는 수면 아래에 있는 수초에 붙어 머리는 수면 아래로 집어넣고, 꽁무니의 호흡관은 수면 위로 내민 채 숨을 쉰다. 수컷이 일으킨 물의 파장에 유인되어 온 암컷이 수면 밖의 수초나 나뭇가지로 기어 올라가면 수컷이 암컷을 따라 수면 밖으로 나간다. 짝짓기 횟수는 1~10회, 한 번에 10개 미만의 알을 낳는다.

물장군의 체색은 갈색 또는 회갈색이다. 머리는 몸에 비해 작고 겹눈 색깔은 광택이 나는 갈색이다. 촉각은 네 마디이지만 각 마디 옆으로 여러 개의 돌기가 나 있으며 주둥이는 크고 짧다. 앞 가슴판 뒤쪽에 가로홈이 있고 그 앞쪽은 중앙선을 따라 오목하다. 작은 방패판은 세모꼴이고 중앙에 가로 융기선이 있다. 앞날개의 기저부는 단단하며 날개맥은 평행하면서도 불규칙하다. 배면은 중앙선을 따라 솟아올라 있다. 포획지로 변형된 앞다리는 끝이 한 개의 발톱으로 되어 있어 다른 수생 동물을 잡아먹기 좋게 발달되어 있다.

가운데 다리와 뒷다리는 종아리 마디와 발목마디에 강모가 나 있고 수중 생활에 적합하도록 변형되어 있다. 발목마디의 제1마디는 퇴화되어 흔적만 남아 있고 제3마디는 납작하다.

물장군은 작은 물고기나 올챙이, 개구리 등 수생동물을 날카로운 포획지로 잡아 그 체액을 빨아먹는다. 뿐만 아니라 상당한 크기의 물고기나 소형 거북이를 사냥하기도 한다. 성충은 5~9월에 나타난다.

일곱 쌍의 아가미 구멍을 가진 칠성장어

 칠성장어는 척삭동물 칠성장어과에 속하는 멸종 위기종 2급 어류로 몸길이가 63㎝ 내외이며 뱀장어처럼 가늘고 길게 생겼다. 몸 옆에 일곱 쌍의 아가미 구멍이 있다는 것과 다른 물고기에 기생한다는 것이 특징이다(턱이 없는 입은 빨판 모양을 하고 있다). 칠성장어는 바다에서 살다가 산란기에 강으로 올라가는 회귀성 어류다.

칠성장어

새끼 시절에는 강에서 서식하다가 이후 바다로 내려가 2년 이상을 바다에서 생활한다. 알에서 부화한 유생은 주로 강바닥(진흙 속)에 있는 유기물이나 플랑크톤을 걸러 먹는다. 변태 과정을 거쳐 몸길이가 20㎝ 내외가 되면 바다로 내려가 다른 물고기 몸에 빨판을 붙여 영양분을 빨아먹는다. 몸길이가 60㎝ 내외가 되면 자갈이 있고 물 흐름이 있는 강으로 거슬러 올라가 짝짓기를 시작한다. 암컷이 바닥의 모래나 자갈 위에 알을 낳으면 수컷이 그 알을 수정시킨다. 칠성장어는 한 번에 약 10만 개의 알을 낳으며 산란 후에는 암컷과 수컷 모두 죽는다.

그물을 이용하면 강을 거슬러 올라가는 칠성장어를 잡을 수 있다. 칠성장어는 지방이 풍부하고 특히 비타민 A 함유량이 많아 야맹증에 좋은 것으로 알려져 있다.

나는 거미 채집을 위해 강원도 내설악의 오색약수터를 제자들과 함께 몇 번 찾아간 적이 있는데 그곳에는 칠성장어를 요리하는 식당이 여러 곳 있었다. 나는 제자들을 데리고 식당으로 들어갔다. 그리고 칠성장어에 대한 소개를 간단히 마친 후 칠성장어 구이와 신선한 야채를 먹기 시작했다. 제자들과 같이 먹으니 속도 편하고 맛도 좋았다.

칠성장어는 우리나라 동해안으로 유입되는 하천과 낙동강에 서식하고 있으며 일본, 시베리아, 흑룡강 수계, 사할린, 캐나다 등에 분포하고 있다.

나는 한국거미연구회 회원 몇 명을 데리고 미기록종인 해안늑대거미를 채집하기 위해 강원도 하조대로 갔다. 첫날은 주야로 하조대 주변에서 그리고 야간에는 하조대 해수욕장 주변에서 채집을 했다. 그리고 3일째 되는 날 하조대에서 그리 멀지 않은 양양군 남대천으로 연어 축제를 보러 갔는데 그곳에서도 칠성장어를 발견할 수 있었다.

그렇다면 어째서 칠성장어는 학술적으로 중요하고 또 희귀한 어류인가?

척삭동물은 턱의 유무에 따라 크게 무악류와 유악류로 구분된다. 척삭동물의 대진화 과정은 원색동물-어류-양서류-파충류-조류-포유류인데 원구류인 칠성장어는 무악류에 속한다. 턱이 없는 무악류는 가장 원시적인 어류로 100여 종밖에 살아남지 못했다. 반면에 턱이 있는 유악류는 현재까지 6만여 종이 보고되었다. 무악류인 칠성장어는 크게 번성할 수가 없었다. 그리고 진화의 막다른 골목에서 그 명맥을 유지하고 있는 것이다. 칠성장어 역시 남획을 금하고 잘 보호해야 하는 희귀종 어류다.

쥐와 박쥐의 중간 형태 – 아이아이원숭이

아이아이원숭이는 척삭동물 영장류에 속하는 아이아이원숭이과의 멸종 위기종 동물이다. 한때 아이아이원숭이는 쥐와 박쥐의 중간 형태로 여겨져 설치류로 분류된 적도 있었다. 그 이유는 쥐와 흡사하게 한 쌍의 큰 앞니가 지속적으로 자라났기 때문이다. 그런가 하면 독일의 박물학자 요한 그멜린은 아이아이원숭이를 가리켜 마다가스카르의 다람쥐라고 불렀다(1790년).

아이아이원숭이

긴 손가락 때문에 '아프리카 마다가스카르 손가락 원숭이'라고도 불리는 아이아이원숭이는 마다가스카르 특산 1속 1종으로 2~3개월에 한 번, 한배에 한 마리의 새끼를 낳는다. 마다가스카르 동쪽 해안 해발 700m의 열대우림 지역이나 낙엽 숲 속에 주로 서식하며 낮에는 나무 구멍에 지어진 둥지에서 잠을 자지만 밤에는 바나나, 사탕수수, 견과류, 과일, 곤충 애벌레, 꿀 등을 먹는다 (야행성에 잡식성이다). 아이아이원숭이가 특히 즐겨 먹는 것은 딱정벌레 애벌레와 바나나 꽃잎이다.

아이아이원숭이는 몸길이와 꼬리 길이 모두 40㎝ 내외이고 몸무게는 약 3㎏ 내외이다. 몸에 난 긴 털은 대부분 흑갈색 또는 검은색을 띠지만 털의 끝부분은 흰색을 띤다. 목과 머리 부위는 옅은 갈색을 띠기도 한다. 코와 눈 위, 뺨과 목은 누런빛을 띤 흰색이다. 아이아이원숭이의 몸은 여우원숭이나 박쥐 또는 쥐를 닮았지만 눈과 귀는 유별나게 크고 가늘다. 그리고 긴 앞발가락 끝에는 뾰족한 갈고리 발톱이 달려 있다.

암컷은 수컷에게 종속적이지만 보통은 일부일처제가 아니고 종종 서로 다른 짝을 찾아 짝짓기를 한다. 아이아이원숭이는 나무 위나 대나무 숲에서 단독 생활을 하거나 암수가 모여 산다. 아이아이원숭이에게서 발견할 수 있는 특이한 점은 앞발의 셋째 손가락이 아주 가늘고 길다는 것인데 사실은 이 셋째 손가락으로 나무 구멍 부분을 두드린 다음 그 반향으로 먹잇감이 있는지를 확인하는 것이다.

아이아이원숭이는 박쥐와 마찬가지로 반향 위치 측정을 하는 유일한 영장류이기도 하다.

아이아이원숭이는 1933년에 멸종된 것으로 보고되었지만 1957년에 다시 발견되었다. 그러나 여전히 멸종 위기에 처한 동물로 분류되어 있다. 멸종 위기 동물로 분류된 이유는 농지를 확장한다는 명분으로 아프리카 마다가스카르의 산림이 대량으로 파괴되었을 뿐만 아니라 주민들에 의해 재수 없는 동물로 여겨져(또는 농작물을 보호한다는 명분으로) 남획되고 밀렵당했기 때문이다. 현재 아프리카 마다가스카르 섬에는 50여 마리의 아이아이원숭이가 생존해 있다고 한다.

긴 주둥이로 먹이를 잡는 도깨비상어
(Goblin shark)

도깨비상어(Goblin shark)는 척삭동물 도깨비상어과에 속하는 연골어류로 산화석이다. 심해에 사는 도깨비상어는 갈라파고스, 대서양, 포르투갈, 뉴질랜드, 오스트레일리아 남부, 일본 등지에 분포하는 희귀종이다.

도깨비상어의 주둥이는 긴 대검처럼 길고 납작하게 생겼는데 나이가 들수록 그 길이가 점점 짧아진다(몸길이에 비례하여). 작은 눈에는 눈을 보호하는

도깨비상어

순막이 없고 눈 뒤에는 분수공이 있다. 포물선 모양의 커다란 입은 거의 주둥이 끝까지 튀어나갈 수 있지만 평소에는 머리 밑으로 당겨 놓는다. 턱 주요부의 이빨은 길고 가는데 특히 턱 가운데의 것들이 더 길다. 턱 코너 쪽 후방에 있는 이빨들은 크기가 작고 윗니는 납작하여 먹이를 잘 분쇄할 수 있는 구조로 되어 있다. 다섯 개의 아가미 구멍은 그 길이가 짧다. 다섯 번째 구멍은 가슴지느러미 개시부 위쪽에 있다. 피부는 반투명하며 물렁물렁하고 거칠다. 거친 피부에는 짧은 비늘이 돋아나 있다. 살아 있을 때에는 피부 속 혈관이 들여다보여 옅은 분홍색을 띤다. 나이가 들수록 빛깔이 진해지는데 어릴 때는 거의 대부분 흰색이나 갈색을 띤다.

살아 있는 도깨비상어를 관찰할 기회는 거의 없었지만 해부 결과를 보면 탄력이나 활력이 없고 느린 상어류이기 때문에 뼈대 골격이 적고 칼슘화가 덜되어 있는 연골 어류이다. 양 옆구리의 근육도 약하고 지느러미도 단단하지 못하다. 한편 기다란 꼬리지느러미는 낮은 각도로 축 늘어져 있어 느리게 헤엄칠 수밖에 없다. 감각기관인 긴 주둥이는 바닥을 파헤쳐 먹이를 찾을 때 사용되는 것으로 판단 되지만 근육이 약해 그런 일은 할 수 없을 것 같기도 하다. 도깨비상어는 뇌 속의 시개(optic tectum)가 작은 것으로 보아 시력은 중요한 감각기관이 아닌 것 같다. 바로 이것이 심해어의 특징이기도 하다.

도깨비상어의 주된 먹이는 경골어류, 갑각류, 두족류, 오징어 등이다. 따라서 도깨비상어는 해저 밑바닥에서부터 위 수공간까지 돌아다니는 것으로 판단된다. 또한 헤엄치는 속도가 느린 만큼 매복 후 기습 공격하는 방식으로 먹이를 잡을 것이다. 밀도가 낮은 몸과 기름이 많은 큰 간은 물에서 중성 부력을 유지하는 데 유리하다. 따라서 도깨비상어는 가만히 정지해 있다가 약간의 몸 움직임 만으로 몰래 먹잇감에 접근해, 먹잇감이 사정거리 안에 들어오면 기다 란 주둥이와 입을 번개 같이 내밀어 먹잇감을 낚아챌 것이다.

희귀한 심해어라 아직 자세한 생태가 밝혀지지는 않았지만 아마 다른 악상 어류들과 마찬가지로 난태생일 것이다. 다만 갓 태어난 새끼의 크기가 80㎝ 내외로 상어들 중 가장 크기가 작을 것이다. 바다 깊은 곳에서 사는 도깨비상 어는 인간에게 위험한 존재가 아니다. 저인망으로 잡은 도깨비상어 몇 마리를 수족관에 넣어 키웠더니 며칠 못 가서 죽어 버렸다고 한다.

인간과 동식물

미꾸리와 미꾸라지의 차이점은?

우리가 즐겨 먹는 보양식 추어탕, 그 추어탕을 파는 식당 대부분이 남원추어탕 아니면 원주추어탕 간판을 달고 있다. 하지만 우리는 그 재료가 미꾸리인지, 미꾸라지인지도 모른 채 추어탕을 먹는 경우가 많다. 원래 미꾸리과에는 24종의 민물고기가 있는데 그중 우리가 즐겨 먹는 것은 미꾸리나 미꾸라지다.

미꾸리나 미꾸라지로 만든 추어탕은 단백질을 비롯해 비타민 A, B$_1$, B$_2$, D,

미꾸리

칼슘이 풍부할 뿐만 아니라 위궤양 예방에 좋은 무친(mucin-끈적한 점액)도 함유하고 있다.

이 밖에 내장을 따뜻하게 하고 혈액 순환을 원활하게 하며 소변이 잘 나오게 하는 효능이 있고 또 원기 회복, 간 기능 회복, 자양 강장의 효능도 있다.

특히 여성분들이 드실 경우 피부 미용과 골다공증 예방에 특효가 있는 것으로 알려져 있다.

미꾸리와 미꾸라지는 식용으로 쓰일 뿐 아니라 해충 방제, 즉 모기 유충인 장구벌레를 퇴치하는 데에도 뛰어난 효과를 보인다.

해충 방제 효과, 즉 모기 유충인 장구벌레를 잡아먹는 효과를 높이기 위해서는 성체보다는 유어(幼魚)를 방사하는 것이 좋다. 왜냐하면 성체의 경우 식성이 변해 동물성 먹이와 식물성 먹이를 함께 섭취하지만, 유어의 경우 성체가

미꾸라지

될 때까지 장구벌레나 실지렁이 같은 동물성 먹이를 주로 섭취하기 때문이다 (모기 유충 방제에 더 큰 효과를 보인다).

미꾸리의 생태적 특징은 다음과 같다.

몸길이가 10~17cm 내외로 비교적 짧은 편이고, 가늘고 둥근 원통형의 몸은 후미로 갈수록 점점 납작해진다. 입은 머리 아래쪽에 있고, 눈은 머리 위쪽에 있다. 입 주위에 모두 다섯 쌍의 수염이 있는데 윗입술 주위에 세 쌍이 있고 아랫입술에 두 쌍(수염처럼 생긴 긴 돌기 두 쌍)이 있다.

대동강 물을 팔아먹은 봉이 김 선달이 항문으로 호흡하여 죽은 척을 했다는, 그래서 그럴듯하게 사기를 쳤다는 일화가 있듯이, 미꾸리 또한 아가미뿐만 아니라 창자로도 호흡할 수 있고 산소가 부족한 물에서도 잘 견디며, 가뭄이 들면 진흙 속에 들어가 살기도 한다. 암컷의 가슴지느러미는 짧고 둥글지만 수컷의 가슴지느러미는 가늘고 길다.

미꾸리는 하천이나 농수로처럼 모래와 자갈이 많고 물이 흐르는 곳에 서식한다.

한편 미꾸라지의 생태적 특징은 다음과 같다.

미꾸리는 주로 유럽과 아시아, 호주 등지에 널리 분포하지만 미꾸라지는 주로 한국, 중국, 대만 등지에 분포하며 서해와 남해로 흐르는 하천과 저수지, 댐 등 넓은 수면에서 서식한다. 몸길이는 20cm 내외로 미꾸리보다 크고 길다. 미꾸라지는 몸과 머리 부위가 납작하여 납작이라는 별명을 얻었다.

미꾸리와 마찬가지로 입 주위에 긴 수염 다섯 쌍이 있는데 윗입술 주위에 세 쌍, 아랫입술에 두 쌍(수염처럼 생긴 긴 돌기 두 쌍)이 나 있다. 암컷의 가슴지느러미는 둥글고 짧지만 수컷의 가슴지느러미는 가늘고 길다. 호흡 방식은 미꾸리의 호흡 방식과 같다.

미꾸리의 경우처럼, 몸 표면에서 무친(점액)이 분비되지만 미꾸리에 비해 큰 비늘을 가졌으며 특히 머리 부위에 비늘이 없는 것이 특징이다.

이왕 추어탕을 먹는다면 미꾸리로 만든 것을 먹었으면 좋겠다. 왜냐하면 미꾸리는 주로 1~2급수에서 살지만 미꾸라지는 주로 3급수에서 살기 때문이다. 중국의 경우 미꾸리는 국내에서 소비하고 미꾸라지는 전량 해외로 수출한다.

귀신 쫓는 주목나무

　요새는 정원수의 종류가 참 다양해졌다. 내가 젊었을 때만 해도 부잣집 마당에는 반드시 향나무와 주목나무가 있었다. 나는 목돈을 만들 생각으로 주목나무 묘목 수백 그루를 심어 키운 적이 있는데, 어떻게 된 일인지 도무지 자라지를 않았다. 한 20여 년 키우고 나니 어느 정도 나무의 형태가 갖춰지기 시작했다. 그래서 연말연시가 되면 주목나무로 예쁜 크리스마스트리를 만들기도

주목나무

했다. 어느 날 스님 한 분이 찾아와 밭에 심어 놓은 주목을 모두 사겠다고 하여 수천만 원을 받고 팔았던 기억이 난다.

주목나무의 원산지는 일본이고 북반구 지역에 널리 분포한다. 종류는 수십 종에 달하지만 우리나라에서는 소백산 정상의 주목나무 군락이 천연기념물 제244호로 지정되어 있고, 북한에서도 성천가지 주목나무 군락이 천연기념물 제46호, 오가삼주목이 천연기념물 제103호로 지정되어 있다. 하지만 주목나무를 번식시키기는 것은 어려운 일이 아니다. 가령 줄기 옆에 달린 가지를 잘라 꺾꽂이하면 옆으로 기면서 낮게 자라는 키 작은 나무가 되지만 줄기 윗부분에 달린 가지를 꺾꽂이하면 곧추선 채 대칭을 이루는 원뿔 모양의 키 큰 나무로 자란다.

우리나라에는 주목, 설악눈주목(Taxus caepitisa) 등이 서식하고 있으며 그밖에 서양주목을 외국에서 들여와 정원 등에 심고 있다. 바늘잎이 달리는 주목은 4월에 꽃이 피고 8~9월에 열매가 익는데, 열매는 컵 모양의 붉은색 종의(種衣)에 둘러싸인다. 잎을 말린 주목엽(朱木燁)은 신장병과 위장병 치료에 쓰이거나 구충제로 쓰이지만 줄기와 잎에 함유되어 있는 탁신(taxine, 혈압을 떨어뜨리고 심장 박동을 정지시키는 물질)이라는 알칼로이드 물질로 인해 부작용을 일으킬 수도 있으니 각별히 유의해야 한다. 이 물질이 없는 것으로 알려진 열매는 날로 먹거나 진해제로 사용한다. 최근에는 탁신에 항암 효과가 있는 것으로 알려져 많은 연구가 진행되고 있다. 변재는 흰색이고 심재는 홍갈색이어서 구분하기가 쉽고 또한 결이 고르고 광택이 좋아 고급 장식재, 용구재, 조각재 및 세공재로 널리 쓰인다. 심재의 색이 홍갈색을 띠어 주목(붉은 나무)이라는 이름이 붙었는데, 수피(樹皮)를 삶은 물에 백반을 첨가하여 염색하면 붉은빛으로 염색된다. 원래 주목은 습도가 높은 지역의 깊은 땅에서 잘 자라지만 그늘에서도 잘 자란다. 또한 도시의 공해에 잘 견디고 생김새가 보기에 좋아 정원이나 공원에 관상용으로 심는다. 주목은 배수가 좋은 기름진 땅에서 잘 자라지만 뿌리가 얕게 내리기 때문에 옮겨 심기가 어렵다.

옛날에 부잣집 어른들은 주목나무가 귀신을 쫓는다 하여 집 마당에 즐겨 심었다.

주목은 환절기에 발생하는 모든 독감에 효과를 보이는데 특히 유행성 독감에 탁월한 효과를 보인다. 높은 산에서 자란 오래 묵은 야생 주목이 정원에서 자란 주목보다 훨씬 뛰어난 효과를 보인다. 하지만 무분별한 벌목으로 인해 멸종 위기를 맞은 야생 주목은 천연기념물로 지정되어 일부 산악 지역에서만 보호되고 있다. 정원에서 관상용으로 재배되는 주목도 독감에 탁월한 효과를 보인다. 주목을 아끼고 사랑하는 차원에서 되도록이면 야생 주목은 보호하고 정원용 주목을 많이 재배해야 한다.

주목은 독성이 있는 나무다. 따라서 주목을 끓일 때는 반드시 날달걀을 같이 넣어 끓여야 한다. 먼저 잘게 썬 주목 1킬로그램에 물 18리터를 붓고 여기에 날계란(유정란) 열다섯 개를 껍질을 깨지 않고 넣는다. 그리고 10시간 이상 달인 후 고운 천으로 걸러서 한 번에 100mg씩 하루 세 번 복용한다(달걀이 주목의 독성을 없애 준다).

홍콩 독감이 말해 주듯, 독감 바이러스는 변종이 매우 다양하고 발생을 예측할 수 없기 때문에, 효과적인 백신이 개발되기 이전에 치명적인 돌발 사태가 발생할 수 있다. 일반 감기 환자와 독감에 걸린 환자들에게 도움이 되기를 진심으로 바란다.

천연 청색 염색 식물 – 인도람(인디고)

    현재 지구 상에서 발견되어 연구되고 있는 식물의 종류는 약 30만 종이며 그중 천연 염색 원료로 사용되는 것만 해도 수천 종에 달한다. 식물, 즉 천연 염료로 염색한 의류는 아토피 환자에게 최고의 선물이 된다. 여기서는 전 세계인이 즐겨 입는 블루진(Blue-Jean)의 청색 염료 재료가 되는 인도람에 대해 이야기하고자 한다.

블루진, 소위 청바지는 1829년 독일 바바리아 지방에서 태어나 1847년 미국으로 이민 간 리바이 스트라우스(Livi Strauss)가 처음으로 개발한 것이다. 리바이 스트라우스는 미국 남북전쟁이 발발한 이후 천막 사업으로 큰돈을 벌었지만 5년 만에 전쟁이 끝남으로써 많은 양의 재고와 반품으로 다시 망하게 되었다. 그는 산더미 같이 쌓인 천막 제품을 처분하는 데 골몰하던 중, 탄광 광부들의 옷이 쉽게 망가지는 데 착안하여 광부들을 위한 바지를 만들기로 했다. 계획을 세워 연구하던 중 독이 제일 강한 방울뱀이 제일 싫어하는 색이 청색이라는 것을 알게 된 그는 천막 직물에 청색 염색을 하기로 했다. 그는 청색 염료 재료인 인도람 식물을 연구·재배하기도 했다.

인도람의 학명은 Indigofera tinctorie이며 열대나 아열대에서 잘 자라는 것으로 알려져 있다. 인도람을 쪽람 또는 인디고 등으로 부르지만 그 종류는 엄청나게 많다. 함람식물(含藍植物)의 종류는 350가지이다. 우리나라에서 재배되는 것으로는 요람, 중람, 산람, 쪽나무, 여뀌 등이 있으며 인도람 아종만 해도 40여 가지나 된다.

리바이스(Livi's)라는 말은 리바이 스트라우스(Livi Strauss)라는 사람의 이름에서 유래했다. 그는 광부들을 위해 튼튼하고 잘 찢어지지 않는 바지, 즉 청바지를 처음으로 만들었다. 그의 이름을 줄여서 쓴 리바이스(Livi's)가 회사 이름이 된 것이다.

나는 학생일 때 청바지가 무척 입고 싶었지만 값이 너무 비싸 입을 수가 없었다. 남대문시장 뒷골목을 누비며 청바지를 만지작거리다가 눈만 풍년이 되어 되돌아오곤 하였다. 물론 지금은 전 세계적으로 널리 보급되어 값이 많이 싸졌지만 말이다.

인도람과 비슷한 식물이 인디고이다. 학명은 Persicaria tinctoria이며 인도에서 많이 재배된다.

1950년대 후반부터 청바지(Blue Jeans) 붐이 일기 시작했다. 청바지가 전 세계 젊은이의 옷이 된 것도 바로 이때부터였다. 리바이스는 청색(Blue), 흰색(White) 청바지뿐 아니라 골덴(Corduroy) 제품도 잇달아 개발하여 히트를 쳤으며 현재는 베이직 진(Basic Jeans)이라 불리는 상품 체계를 확립했다. 그리고 1960년대 후반부터 리바이스는 라이프 스타일 혁명과 히피(Hippie) 문화의 중심에서 '젊은이들의 우상'으로서 그 지위를 확보하게 되었다.

우리나라에만 있는 미선나무

나는 일반생물학 강의를 할 때마다 불만스러운 것이 있었다. '왜 무궁화가 우리나라의 국화(國花)가 되었냐'는 것이었다.

원래 무궁화의 원산지는 중국, 인도 그리고 중동 국가들이었다. 그런데 아주 오래전에 그 씨앗이 한반도 전역에 퍼지게 되었고 구한말부터는 단지 그 모양이 아름답고 개화 기간이 길다는 이유로(꽃의 족보도 알려지지 않은 상태에

미선나무 꽃

서) 우리나라의 국화로 인식되기 시작했다. 이것은 국가나 일개인에 의한 결정이 아니라 국민 대다수에 의한 자연발생적 현상이었다.

참으로 어처구니없는 일이 아닌가? 한 나라를 상징하는 국화라면 당연히 학술적으로 깊이 연구되어야 하고 또 최소한 우리나라에서 자생하는 식물들 중에서 선정되어야 하지 않겠는가?

사이비 종교 단체만도 못한 북한의 국화는 진달래다. 한라산 정상에만 서식하는 '제주 진달래'는 우리나라 고유종이다.

일본의 국화는 벚꽃인데 이 또한 잘못된 일이라고 생각한다. 벚꽃은 우리나라 제주도가 원산지다. 일본이 우리의 벚꽃을 훔쳐 가서 국화로 만든 것이다. 참고로 세계 각국의 국화는 다음과 같다.

영국은 장미, 중국은 매화, 네덜란드는 튤립, 독일은 국화, 러시아는 해바라기, 스위스는 에델바이스, 스웨덴은 은방울꽃, 스페인은 오렌지꽃, 폴란드는 팬지다. 나는 우리나라의 국화를 바꿀 필요가 있다고 생각한다.

즉, 한국 고유종인 미선나무로 바꾸자는 것이다. 미선나무는 우리나라에만 있는 세계 1속 1종의 특산물로서 물푸레나무과에 속하는 낙엽 관목이다. 미선나무에서 '미선'은 한자어 尾扇에서 유래했다(열매 모양이 부채를 닮았기 때문이다). 미선나무 기념우표도 몇 종 발행된 바 있다.

미선나무의 키는 1m 내외이고 마주나는 잎은 난형이다. 흰꽃이나 분홍 꽃은 3~4월에 잎보다 먼저 피고 총상꽃차례를 이루어 색깔이 다르지만 마치 개나리꽃처럼 보인다. 노란색의 개나리꽃은 향기가 없지만 미선나무의 꽃은 향기가 뛰어나다. 미선나무의 열매는 시과이고 둥근 타원형에 길이가 25mm 정도 된다. 끝이 오목하여 둘레에 날개가 있고 두 개의 씨앗이 들어 있으며 씨앗이나 꺾꽂이로 번식한다.

우리나라 특산종인 미선나무는 충청북도 진천군 송덕리와 괴산군 문정리에 서식하는데, 척박한 환경(거의 돌밭에 가까운 땅)에서 자생하는 독특한 생태를 지니고 있다. 최근에는 전라북도 변산반도에서도 서식하는 것으로 밝혀졌다.

진천군과 괴산군 두 곳은 천연기념물 제9, 83, 155, 156호로 지정되어 있다. 이들 지역은 흙이 거의 없는 돌밭으로 이루어져 있고 미선나무는 돌과 돌 사이에 뿌리를 내리고 살기 때문에 씨앗이 떨어져도 좀처럼 발아되지 않는다. 그래서 미선나무를 보호하는 데에도 어려움이 따른다. 미선나무는 어느 정도 수분이 있으면서 양지바르고 배수가 잘되는 곳에서 잘 자란다. 그리고 추위에도 잘 견딘다.

분비물로 먹이를 잡는 가죽거미

우리나라 가죽거미과에는 두 종류의 가죽거미가 있다. 하나는 검정가죽거미(Dictis striatipes)이고 다른 하나는 아롱가죽거미(Scytodes thoracica)이다. 세계적으로는 약 150종의 가죽거미가 있는 것으로 알려져 있다.

가죽거미는 창고, 화장실, 벽장, 마루 밑 등 어두침침한 곳에서 주로 산다. 가죽거미 이야기를 하려는 이유는, 거미그물을 치고 사는 거미를 정주성 거미라

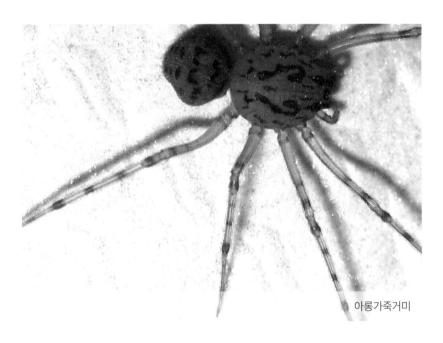

▶ 아롱가죽거미

하고 거미그물을 치지 않고 사는 거미를 배회성 거미라 하는데 가죽거미의 먹이 사냥법이 아주 특이하기 때문이다. 배회성 거미인 가죽거미는 먹잇감이 시야에 들어오면 살금살금 기어가서 침을 뱉듯이 분비물을 내뿜어 먹잇감을 끈끈이로 얽어매어 잡는다. 독샘이 비교적 발달하여 앞부분의 작은 곳에서는 독액을, 뒷부분의 윗쪽에서는 접착물을 분비한다.

소설, 영화, 만화 등에서 혐오감을 주는 악역으로 그려진 탓에 우리가 싫어하는 동물로 알려져 왔지만 사실 거미는 인간에게 100% 이로운 익충이다.

나는 20세기 최고의 과학 발명품이 컴퓨터와 비아그라라고 생각한다. 비아그라의 발명으로 인생의 즐거움은 이루 말할 수 없을 정도로 커졌다. 발기 부전 치료제에는 비아그라, 레비트라, 시알리스 등 여러 가지가 있는데 비아그라의 주성분은 구연산 실데나필이고, 레비트라의 주성분은 바세나필, 시알리스의 주성분은 타다라필이다. 재미있는 것은 이러한 주성분들을 거미 독에서 추출하거나, 나방의 생식샘에서 추출한다는 것이다.

원래 비아그라는 콩팥 내에 있는 사구체의 기능을 정상으로 회복시키기 위해 개발된 약이었다. 머리카락처럼 가는 혈관들이 뭉쳐 있는 사구체에 문제가 생기면 여과 기능을 못하게 되는데 과거에는 이런 문제를 해결할 수 있는 유일한 방법이 혈관을 확장시켜 수술을 하는 것이었다. 그래서 미국의 제약회사 화이자가 사구체 기능을 회복시킬 수 있는 약을 개발 중이었는데 희한하게도 혈관만 확장되는 것이 아니라 남자의 성기까지 발기되는 것이었다. 이렇게 해서 화이자는 비아그라라는 약까지 만들게 되었다.

과학자가 어떤 목적을 갖고 실험을 하다 보면 이처럼 뜻하지 않은 발명품도 탄생하는 법이다. 또한 과학 연구를 하다 보면 재미있는 일도 생긴다. 뜻하지 않은 발명품, 실수로 탄생한 발명품에는 다음과 같은 것들이 있다. 1908년 영국 세인트 메리 병원의 알렉산더 플레밍은 면역 물질에 관한 연구를 하고 있었다. 박테리아를 죽일 수 있는 항생 물질을 찾으려 노력했지만 그의 연구는 실패의 연속이었다. 그런데 14년이 지난 어느 날 감기에 걸린 플레밍이 실험 용기에 콧물 한 방울을 떨어뜨리는 바람에 박테리아가 죽어 버렸고 그 결과 페니실린이 탄생하게 되었다. 미국의 과학자 월리스 캐러더스는 연구에 실패한 섬유 찌꺼기 속에서 길게 늘어나는 무언가를 발견했다. 나중에 그것은 나일론 스타킹의 원료가 되었다. 1839년 찰스 굿이어(Charles Goodyear)라는 청년이 황을 끓이다가 실수로 그만 고무 위에 황을 엎지르고 말았다. 그런데 그것이 합성 고무가 되었고 이를 토대로 고무 타이어가 발명되었다.

원래 컴퓨터는 계산기에서 출발한 것이다. 1642년에 파스칼이 여섯 자리 덧셈을 할 수 있는 계산기를 발명했고, 1694년에 라이프니츠가 사칙연산이 가능한 계산기를 발명했다. 그리고 1822년에 지금의 컴퓨터와 같이 기억, 연산, 제어, 출력, 입력 장치를 갖춘 계산기가 케임브리지 대학교 베비지 교수에 의해 발명되었고 그 후 1946년에는 미국 펜실베이나 대학의 모클리와 에커트가 애니악이라는 컴퓨터를 최초로 발명했다. 당시 애니악이라는 컴퓨터는 진공관이 1만8천 개나 들어 있어 조금 사용하고 나면 몇 시간 동안 그 열을 식혀야 했다. 1951~1958년에는 진공관을 이용한 1세대 컴퓨터가 나왔고 1958~1965년에는 트랜지스터를 이용한 2세대 컴퓨터가 등장했다.

그리고 그 후, IC가 발명되면서 3세대 컴퓨터가 나왔고(1965~1972년), LSI가

개발되면서 4세대 컴퓨터가 나왔으며(1972~1979년) 더더욱 압축된 집적회로가 발명되면서 5세대 컴퓨터가 나왔다.

오늘날과 같은 형태의 컴퓨터는 애니악이 최초였고, 지금과 같은 구조를 처음 개발한 사람은 베비지였다.

인간의 먹거리 – 메뚜기

메뚜기는 메뚜기목 메뚜기아목에 속하는 곤충이다. 여기서는 논에서 흔히 볼 수 있는 벼메뚜기(Oxya chinersis sinuosa)에 대해 살펴보도록 하자.

간혹 영화나 비디오에서 수십만 마리의 메뚜기 떼가 날아와 사람들을 공격하고 농작물을 먹어 치운 다음 다시 날아가는 장면을 보게 되는데 사실 이런 장면은 현실 세계에서도 목격할 수 있다. 메뚜기 하면 제일 먼저 펄벅의 대표

메뚜기

작 《대지 The good earth》(노벨상 수상작)가 떠오른다. 수십만 마리의 메뚜기 떼가 피해를 입히는 장면 말이다.

사실 메뚜기는 풀이 무성한 곳이나 논, 밭 등에서 벼는 물론 콩이나 옥수수의 잎과 줄기까지 갉아먹는 '농업 해충'이다. 그런가 하면 거미, 개구리, 새 같은 메뚜기의 천적들도 있고 또 기생하면서 메뚜기를 죽이는 곰팡이와 병원균도 있다.

2014년 8월 29일 전라남도 해남 지역에 수십억 마리의 메뚜기 떼가 발생해서 수확을 앞둔 벼를 모두 갉아먹었다. 몸길이 0.5~4cm의 메뚜기들이 논 5만 제곱미터와 친환경 간척 농지 20만 제곱미터를 초토화시킨 것이다. 한편 2015년 8월에는 러시아 남부에 발생한 메뚜기 떼가 일대의 옥수수밭을 쑥대밭으로 만들었다. 서남아시아와 중국의 역사에서 메뚜기는 농업에 큰 피해를 입히는 농업 해충으로 기록되어 왔다.

구약성경의 출애굽기는 메뚜기의 습격을 '야훼의 심판'으로 묘사하고 있다. 지금도 사우디아라비아, 예멘을 비롯한 중동 국가들과 아프리카에서는 메뚜기로 인한 농업의 피해가 이만저만이 아니다. 천억 마리의 메뚜기들이 저마다 자기 몸무게의 2배나 되는 작물을 하루 만에 먹어 치우고 1톤의 메뚜기 떼가 2,500인분의 곡식을 먹어 치우는 것이다.

문제는 이러한 메뚜기 떼가 왜 발생하느냐이다. 메뚜기 떼의 발생 원인은 기후 변화에서 찾을 수밖에 없다. 지구 온난화로 인한 기후 변화와 사막화 현상, 열대 기후 등 환경적 요인에 의해 이런 현상이 일어나는 것이다.

예로부터 메뚜기는 우리 인간의 먹거리가 되어 주었다. 구약성경의 레위기에서는 "메뚜기는 야훼가 이스라엘 백성에게 정해 준 음식이다"라고 기록하고 있다(기록에 따르면 세례자 요한 역시 메뚜기와 꿀을 먹었다고 한다).

2014년 9월 식약처는 식용 곤충을 식품으로 인정했다. 머지않아 메뚜기와 귀뚜라미, 곤충의 애벌레들이 식용으로 소비되는 시대가 올 것이다. 단백질 등의 영양소가 풍부하고 사육 방법도 비교적 쉬워 메뚜기에 대한 농가들의 관심이 높아졌고, 식용 곤충을 이용한 빵과 샐러드, 깻잎전 등 먹음직스러운 음식이 계속 개발되고 있다. 담백한 맛과 영양분까지 골고루 갖춘 이색 요리의 재료가 바로 식용 곤충이라는 것을 입증하는 것이다.

식용 곤충 100그램당 단백질 함량은 최고 50% 이상이다. 즉 쇠고기보다 두 배 이상 많은 단백질을 함유하고 있다는 말이다. 현재 세계 여러 나라에서는 메뚜기를 고단백 음식으로 인정하여 즐겨 먹고 있다.

올챙이에서 더 자라지 않는 우파루파
(엑솔로틀=아홀로틀)

멕시코가 원산지이기 때문에 멕시코 도롱뇽이라고도 부르는 엑솔로틀(아홀로틀)은 일본 사람들이 상업화하기 위해 우파루파라고 이름을 붙여 보급한 양서류 도롱뇽의 일종이다. 우파루파는 올챙이 시기를 유지한 채 더 자라지 않고 유형 성숙하는 것으로 유명한 동물이다. 예를 들어 알이 부화한 후 올챙이

우파루파

가 되었다가 더 성숙하면 개구리가 되는데 우파루파는 알이 부화한 후 올챙이가 되어 더 자라지 않고 그대로 올챙이 시기를 유지하는 특이한 동물인 것이다. 동물의 생장 호르몬인 티톡신을 먹이면 더 자라서 성체 도롱뇽이 된다(두더지 도롱뇽과 비슷해지며 발가락이 더 길어진다). 양서류의 특성상 서식 범위가 협소한 우파루파는 과거에 멕시코시티 호치밀코 호수와 찰코 호수에서 서식했지만 현재 멕시코시티 변두리의 찰코 호수에서는 멸종하고 말았다. 2013년에 학술단체가 4개월간 호치밀코 호수에서 서식지 조사를 한 결과 한 마리의 아홀로틀도 발견되지 않았다.

1998년에는 6000마리, 2003년에는 1000마리, 2008년에는 100마리로 줄더니 결국 이마저도 멸종되는 것이 아닌지 모르겠다. 앞으로 추가 조사가 필요하겠지만 자생지 절멸종으로 기록될 수도 있다. 현재 거미박물관 사육실에서도 기르고 있는데 귀여운 외모를 가져 애완용으로 인기가 많았지만 처음에는 식용으로 많이 사육했었다. 물론 지금은 원산지에서 야생 개체수가 급격히 감소해 보호를 받고 있기 때문에 멕시코에서 식용으로 쓰이는 일은 없다. 현지인들도 단백질을 섭취할 목적으로 먹었을 뿐 맛으로 먹었던 기호식품은 아니라고 한다. 그나마 다행인 것은 일본이 대량 양식에 성공하여 그중 일부를 식용으로 개발했다는 것이다. 우파루파는 애완용과 식용 외에도 도롱뇽 특유의 엄청난 재생 능력으로 인해 학술 실험용으로도 이용된다고 한다(재생 능력은 풀라나리아가 최고이긴 하지만 말이다).

애완용 사육법은 아주 간단하다. 올챙이 시기로 성숙하니 그냥 물고기 키우듯 키우면 된다. 여과기를 설치하고 물갈이로 수질 관리를 해주면서 물 온도는

25℃ 이하로 유지시켜 주는 것이 좋다. 물 온도가 상승하면 겉아가미가 녹아 줄어들 수도 있다. 어린 유생일 경우에는 값이 좀 비싸지만 브라인 슈림프 같은 살아 있는 먹이를 눈앞에 떨어뜨려 주면 아주 잘 먹는다. 허기가 지면 유생 시기에는 동료들을 잡아 먹기도 한다.

동물 대진화에서 어류에서 양서류로 진화하였다는 증거는 올챙이를 통해 증명된다. 어류는 수중에서 아가미로 호흡하며 심장은 1심방 1심실인데 양서류는 수중과 육지에서 살며 허파와 피부로 호흡을 한다. 심장은 2심방 1심실인 것이다. 그러나 올챙이는 겉아가미로 호흡하며 수중 생활을 하지만 심장은 1심방 1심실로 되어 있다. 올챙이는 양서류의 새끼이지만 신체적 구조는 대부분 어류와 똑같은 것이 특징이다.

질병 매개체 – 모기

모기는 파리목 모기과에 속하는 위생 해충으로 우리나라에는 56종이 서식하고 있으며 세계적으로는 3,500여 종이 있는 것으로 알려져 있다. 우리 거미 박물관에는 56종의 한국 모기 표본이 소장되어 있는데 모두가 모기 박사 홍한기 교수께서 수고하여 채집해 주신 것이다. 다시 한번 머리 숙여 감사의 마음을 전하는 바이다.

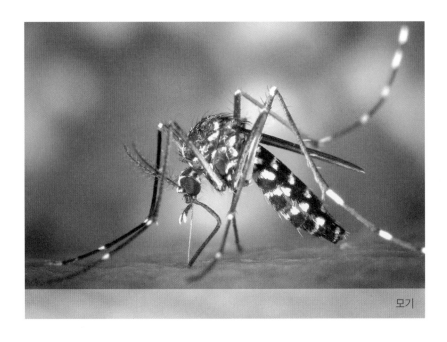

모기

여름철에 흔히 볼 수 있는 곤충쯤으로 여기고 무관심하게 지나치기 쉬운데 사실 관심을 가지고 박멸해야 하는 것이 바로 모기다. 모기는 말라리아, 상피병, 일본뇌염, 황열병, 뎅기열뿐만 아니라 최근 세계적으로 문제가 되고 있는 지카바이러스의 매개체가 된 소두병 등의 질병을 매개한다.

모기는 알, 애벌레, 번데기, 성충의 과정을 거치는 완전 변태 곤충으로 그 생활사는 매우 간단하다. 알은 대부분 물 위에 낳는다. 숲모기의 알에는 기포가 없으며 날개로 흩어지게 한다. 집모기는 물 위에 알덩이(난괴)를 띄운다. 얼룩날개모기는 알의 등 쪽에 부레가 있다. 알은 물 위에 산란된지 3일 만에 부화하여 유충이 된다. 이 유충을 장구벌레라 하며 머리, 가슴, 배 세 부분이 뚜렷하게 구분된다. 배는 여덟 마디로 되어 있고 끝에는 공기 호흡기관인 원통 모양의 기관이 한 개 있고 다른 한쪽에는 물속 호흡기관인 아가미가 있다. 이 장구벌레는 7일 동안 네 번 탈피하여 번데기가 된다.

번데기는 장구벌레의 모양과 달리 머리, 가슴부가 합쳐져 있고 정수리에 뿔 모양의 호흡뿔이 한 쌍 나 있다. 머리, 가슴부에 한 쌍의 더듬이와 세 쌍의 다리, 한 쌍의 날개가 있고 머리부에는 한 쌍의 겹눈과 입 부분이 접혀져 있다. 이때 한 번만 더 탈피하면 성충이 될 수 있는 기관들이 다 갖추어져 있다. 배는 여덟 마디이고 끝 부분에는 한 쌍의 납작한 난원형 유영판이 있어 물속에서 헤엄쳐 다닐 수 있다. 번데기는 물속에서 3일이 지나면 성충으로 변태하게 된다.

모기는 산란 후 20일 이내에 성충이 된다. 모기의 수명은 2개월 이내이다. 모기는 식물의 즙액, 과즙, 이슬 등을 주로 먹고 살지만 알을 만들어 산란하기 위해서는 단백질을 필요로 한다. 그래서 흡혈을 하게 되고 이때 병원체를 매개하게 된다. 일본뇌염을 매개하는 빨간 집모기는 72일간 생존하며 이때 열세 번의 알을 낳는데 1회에 약 150여 개의 알을 낳는다.

모기는 동물의 몸에서 발산되는 이산화탄소나 젖산 냄새를 맡고 모여든다. 재미있는 것은 흰옷보다는 검은색 옷을 입은 사람에게 더 많이 달려든다는 것이다.

모기 채집에는 드라이아이스만큼 효과적인 것이 없다. 모기의 날개는 빈약하여 장거리를 날아가기가 힘들어 조금 날아간 뒤에는 곧바로 주변에 붙어 쉬어야 한다. 얼룩날개모기류와 집모기류의 경우 밤이 주된 활동 시간이고 숲모기류의 경우 주로 낮에 흡혈한다.

한 번의 짝짓기에 만족하는 암컷의 경우 몸속에 정자를 보관할 수 있는 수정낭이 있으며 필요할 때마다 이것을 꺼내어 쓴다.

생명공학에 공헌하는 초파리

초파리는 우리 주변에서 흔히 볼 수 있는 과일 파리다. 과일, 특히 포도와 바나나 같은 과일을 먹고 그대로 놔두면 제일 먼저 모여드는 곤충이 초파리이며 유전학, 발생학 그리고 생명공학 연구에 제일 크게 공헌한 곤충도 초파리이다. 내 기억에 초파리 연구로 박사 학위를 받은 사람이 전 세계적으로 5,000명은 넘을 것이다.

초파리

파리, 모기 이상으로 귀찮은 곤충 초파리. 초파리는 과일과 음식물 찌꺼기 그리고 당분이 함유된 곳이라면 어디에나 모여든다. 물론 온도가 올라가면 더 많이 모여든다. 초파리는 몸 크기가 파리보다 훨씬 작고 또 날아다니는 속도도 파리 이상이어서 여간해서는 잡기가 어렵다. 초파리를 없애거나 잡는 방법은 페트병의 윗부분을 잘라 입구를 뒤집어 끼우고 그 속에 막걸리, 매실 원액, 기타 과일 원액을 담는다. 또한 종이컵에 식초를 따르고 여기에 물을 섞어 30% 정도로 희석시킨 다음 주방세제를 2~3회 떨어뜨린다. 며칠 후에 확인해 보면 초파리들이 많이 빠져 죽어 있을 것이다. 몸집이 작은 초파리는 생활사가 빨라서 사육하기도 좋다.

초파리는 전 세계적으로 2,000여 종이 분포·서식하고 있는 것으로 알려져 있다.

내가 서울대학교 문리과대학 동물학과에 입학했을 때 제일 먼저 눈에 들어온 것이 <초파리 사육실>이라는 현판이었다. 당시만 해도 우리나라 대학의 생물학과 시설들이 전반적으로 빈약했지만 초파리 사육실만큼은 최신식이었고 최고급 시설이 갖추어져 있었다. 어찌 보면 초파리가 사람보다 더 나은 대접을 받았을지도 모른다. 당시에 초파리 유전학 연구 분야에서 최고 권위자는 나의 은사이신 강영선 박사님이었다. 물론 미국의 토마스 헌트 모건(T. H. Morgan)이 세계적인 학자였지만 말이다.

초파리가 유전학 실험에 많이 쓰이는 이유는 초파리의 한 세대가 짧기 때문이다. 초파리의 한 세대는 12일 내외로 교배 실험에 효율적이고 또 독립유전자의 수가 여덟 쌍이어서 한 쌍의 교배 실험으로 약 400개의 알을 얻을 수 있다.

초파리는 유전적 돌연변이를 확인하기 위한 교배 실험에 이용되기도 하고 또 발생학에서 초파리의 배아 발생 과정을 관찰하거나 인위적으로 조작하여 돌연변이를 만드는 등 생명공학 실험에 쓰이기도 한다.

암 환자를 살리는 새우

절지동물 갑각류에 속하는 새우는 전 세계에 2,900여 종이 있고 우리나라에는 90여 종이 있는 것으로 알려져 있다. 새우의 종류에는 민물에 사는 가재, 새뱀이, 징거미새우 등과 바닷물에 사는 보리새우, 도화새우, 젓새우, 꽃새우, 중하, 대하 등이 있다.

십각목(十脚目)의 새우아목, 게아목, 집게아목 중 새우아목에 속하는 동물

새우

은 일반적으로 가장 원시적인 하등 동물로 간주된다. 십각목에는 유영류(새우류)와 파행류(닭새우, 가재류)가 포함되는데 전자는 몸이 옆으로 납작하여 헤엄치는 데 알맞고 후자는 몸이 원기둥 모양이거나 등배 쪽으로 납작하여 기어 다니는 데 적합하다.

새우류가 집게류나 게류와 다른 점은 다음과 같다. 일반적으로 몸은 가늘고 길며 두흉부는 몸길이의 반보다 짧다. 이마 앞부분이 입 앞 구역과 유착되지 않았다. 복부는 아주 발달하여 크고 좌우 대칭이며 두흉부 밑이 접혀 있지 않고 자유롭게 굽혔다, 폈다 할 수 있게 되어 있다. 복부 끝 부분은 좌우 대칭의 꼬리 부채 모양을 하고 있다. 일부 예외는 있지만 제4, 제5 가슴다리는 퇴화하지 않았다.

우리나라 근해에는 온대성 새우류인 대하, 중하, 꽃새우 등이 많이 서식한다. 동해에는 한대성 새우인 도화새우, 분홍새우 등이 서식하고 제주도 해역을 포함한 남해에는 보리새우, 닭새우 등의 난해성 새우류가 많이 서식한다. 이 중에서 젓새우의 새우젓 효능이 최근 화제가 되고 있다.

위(胃, stomach)가 좋지 않아 위염과 십이지장궤양을 심하게 앓다가 증세가 악화되어 암(cancer)으로 발전된 환자가 있었는데 이 환자는 병원에서 암 제거 수술을 받은 후 위암이 재발하여 물 한 모금 마시지 못한 채 중환자실에서 영양제 주사로 연명하고 있었다. 이 환자는 항암제와 항생제를 아무리 써도 염증이 사라지지 않았다. 그리고 면역력이 몹시 약해져서 재수술이 어려웠고 살아날 가능성도 희박했다. 사정이 워낙 급했던 나는 가까운 지인을 통해 품질 좋은 천일염과 생강, 고춧가루, 마늘로 양념해서 담근 가을새우젓(추젓)을 구해 환자에게 먹였다. 환자는 기적적으로 살아났다.

가을새우젓은 여러 종류의 염증 질환을 치료하는 데 특효가 있다. 새우젓에 함유된 성분이 잠자는 신경을 자극하여 세포들을 활성화시키고 여러 소화 기관의 기능을 정상적으로 회복시키는 것이다. 가을철에 우리나라 서해안에서 잡히는 작은 가을새우로 담근 추젓만이 민간요법에 사용될 수 있다(한여름에 잡힌 새우로 담근 육젓은 민간요법에 사용될 수 없다).

의약품과 향수의 원료 – 꿀풀

꿀풀은 쌍떡잎식물, 통화식물류의 꿀풀과에 속하는 식물로 활짝 핀 꽃을 입에 대고 빨아먹으면 꿀처럼 단맛이 나기 때문에 꿀풀이라는 이름이 붙었다. 꽃이 한여름에 활짝 피었다가 떨어져 시든다고 하여 하고초(夏苦草)라 부르기도 한다.

주로 자라는 곳은 구대륙의 카나리 제도에서 히말라야 산맥까지이며 그밖

꿀풀

에 에티오피아, 마다가스카르 섬, 아프리카 남부 지역, 스리랑카, 인도, 오스트레일리아 동부 지역에 서식한다. 꿀풀에서 얻는 기름은 의약품 원료로 쓰이거나 맛을 내는 식품, 음료, 향수 등의 원료로 사용된다. 꿀풀은 햇빛이 잘 드는 나대지, 초지대, 길가의 가장자리, 뜰의 가장자리, 산기슭 주변에서 잘 자란다.

거미박물관 야생화 단지에 1000그루의 꿀풀을 심었는데 관람객들에 의해 거의 다 소실되어 서운한 감이 없지 않다.

꽃은 주로 총상(總狀) 꽃차례를 이루며 피는데 줄기 아래쪽에 있는 꽃이 제일 먼저 핀다. 가루받이와 수정이 끝난 밑씨는 씨가 되고 씨방은 열매가 된다. 씨방은 네 개의 열편으로 깊게 갈라졌으며 열편의 한가운데인 오목한 곳에서 암술대가 올라온다. 열매는 다 익으면 네 개의 소견과(小堅果)로 갈라지는데 이는 꿀풀과를 분류하는 데 좋은 특징이 된다. 꿀풀은 전 세계적으로 6,100여 종이 있고 우리나라에서는 120여 종의 꿀풀류가 자라고 있다.

꿀풀은 여러해살이 식물로 우리나라뿐만 아니라 일본, 중국에도 널리 분포되어 있다. 줄기는 붉은색이 돌며 털이 많고 높이는 20~60cm 정도이다. 잎은 마주나며 난형, 또는 난상타원형이다. 가장자리가 밋밋하거나 톱니가 조금 나 있다. 꽃은 5~7월에 줄기 끝의 수상 꽃 차례에 빽빽이 달리며 보라색, 흰색, 분홍색을 띠고 입술 모양을 하고 있다. 꽃받침은 입술 모양이고 다섯 갈래로 갈라져 있다. 화관은 입술이 세 갈래로 갈라져 있고 수술은 네 개이며 그중 두 개가 길다. 열매는 다 익었을 때 노란색이 도는 갈색을 띤다(열매는 약용으로 쓰인다).

생약 하고초는 꽃 이삭을 말린 것이며 한방에서는 임질, 결핵, 종기, 전신 수

종, 갑상선 종양, 고혈압, 자궁염, 연주창 치료제로 쓰이고 또 소염제, 이뇨제, 해열제로도 쓰인다. 특히 여름에는 전초를 채취하여 그늘에 말려 사용해야 한다. 꿀은 쓰고 매운 맛과 찬 성질을 가지기 때문에 속이 차거나 소화력이 약하고 비위가 약한 사람은 복용을 삼가는 것이 좋다.

약재로 사용되는 야생화 – 원추리

원추리는 다년생 백합과에 속하는 외떡잎 식물로 여름철에 피는 야생화다. 뿌리에서 잎이 두 줄로 마주 나와 양쪽으로 늘어지는데 길이는 80cm 내외, 폭은 15cm 내외이며 선형으로 끝 부분이 둥글게 뒤로 젖혀진다. 뾰족한 잎 끝 부분은 두껍고 단단하며 표면은 윤기 나는 초록색이다. 거미박물관에 1,000여 그루를 심었더니 여름 한철 주황색 꽃이 너무나도 아름답게 피었다. 번식은 씨

원추리

앗과 포기 나누기로 하는데 번식도 아주 잘되는 편이다. 1000그루에서 시작한 것이 지금은 수천 그루가 되어 박물관 주변을 아름답게 꾸미고 있다.

원추리 뿌리는 방추형으로 굵어지는 덩어리 뿌리를 형성한다. 꽃이 피기 전의 어린잎으로는 나물을 해 먹기도 한다. 하지만 원추리 뿌리는 독성을 지니기 때문에 조심해서 먹어야 한다. 생쥐로 실험한 결과 뇌척수 회백질 시신경 섬유 등에 심한 병변을 보였으며 토끼는 신장에 손상을 일으켰다. 한편 약재로 사용되기도 하는데 가령 지혈제로서 대변 출혈, 코피, 자궁 출혈에 효험이 있고 또한 유방염이나 젖 분비가 원활하지 못한 경우에도 쓰인다. 원산지는 한국, 중국, 동아시아이지만 우리나라의 대표적인 자생종이다.

원추리는 이른 봄에 싹을 틔워 자란다. 처음에는 펼쳐진 부채 모양으로 자라다가 나중에는 골이 파진 잎줄기가 생긴다. 봄에는 주로 활처럼 휘어진 잎을 키우고 여름이 되면 꽃대를 세우고 꽃을 피운다. 꽃에는 여러 개의 봉오리가 차례로 생기는데 하루 동안 피었다가 진다. 꽃이 진 모습은 우리 인간의 모습처럼 초라하다. 꽃이 지고 나면 타원형의 열매가 열린다. 뿌리는 맥문동과 비슷해 방추형의 가느다란 육질 덩어리가 여러 개 달려 있다. 꽃은 낮 4시경에 피기 시작하여 다음날 11시 무렵에 시든다. 여름에는 원추리 꽃으로 술이나 김치를 담가 먹는다.

야생 원추리는 산과 들판의 경계에서 많이 자라고 양지바른 곳에서 잘 자란다. 원추리는 생명력이 강한 식물이어서 토질이나 위치를 가리지 않고 잘 자란다. 그래서 일부 학자들은 원추리를 잡초에 포함시키기도 한다. 씨는 가을에 채종해서 바로 뿌리거나 저장해 두었다가 이듬해 봄에 뿌린다. 포기 나누기는 한여름과 겨울을 제외하고 아무 때나 할 수 있다. 밥을 할 때 원추리 꽃을 넣어 독특한 향기가 나는 노란 밥을 해 먹기도 한다. 최근에는 원추리꽃의 향료를 추출하여 향수나 화장품을 만들기도 한다. 원추리는 전국의 산지와 초원에서 잘 자라지만 바닷가에서 군생하는 홍도 원추리는 굵은 뿌리가 사방으로 퍼지고 덩이 뿌리가 발달해 있다. 원추리꽃의 색깔은 붉은 빛이 도는 진한 노랑색이다(꽃은 아침에 피었다가 오후에 진다).

종(種) 사이 교배가 쉽고 임성도 좋기 때문에 관상용으로 품종 개량이 이루어져 다수의 원예 품종이 미국에서 만들어 졌다. 원추리속 식물은 본래 히말라야와 동아시아 지역의 특산 식물이었다. 원추리는 양지에서 잘 자라며 크고 아름다운 꽃이 봄부터 가을까지 차례로 핀다.

꽃말 '영원한 사랑'의 복수초(福壽草)

　복수초는 미나리아제비과에 속하는 여러해살이풀로 이른 봄 낙엽 활엽수림 속이나 경사면 초지에 서식한다. 중국, 일본, 러시아 동북부 등지에 분포하며 우리나라의 경우 제주도를 제외한 전국에 서식하고 있다. 버섯이 화려하고 아름다우면 독버섯인 것처럼 이른 봄 눈 속에 노랗게 피어 있는 복수초를 보면 정말 예쁘긴 하지만 그래도 그것은 독초다. 물론 한의사의 처방을 받아 좋은 약제로 사용

복수초

할 수도 있다. 뿌리는 강심제로 쓰이고 전초는 이뇨제나 정신 안정제로 쓰인다.

줄기 밑 부분의 잎은 잎몸이 없고 얇은 막질의 밑이 원줄기를 감싸고 있다. 위로 올라가면서 어긋나는 잎은 삼각형 모양(넓은 계란형)을 하고 있으며 깃 모양으로 깊고 잘게 갈라져 있다. 작은 잎은 다시 깃 모양으로 깊게 갈라지는데 마지막 갈래 잎은 선형이고 잎자루 밑에 붙은 턱잎도 갈라져 있다.

이른 봄에 피는 꽃으로는 매화, 복수초, 산수유, 생강나무, 벚꽃, 살구꽃, 개나리, 진달래꽃 등이 있는데 이것들은 가장 먼저 봄 소식을 알리는 계절의 전령사들이다.

복수꽃은 이른 봄에 4㎝ 내외의 노란 꽃이 원줄기 끝과 가지 끝에 한 개씩 잎보다 먼저 달려 핀다. 꽃받침 조각은 여러 개이고 진한 녹색을 띠며 윤기가 나는 30개 내외의 꽃잎이 수평으로 퍼진다. 암술과 수술은 여러 개이며 꽃밥의 길이는 2㎜ 내외이다. 열매는 6월경에 달려 익는 둥근 집합과로서 길이는 1㎝ 내외이고 꽃턱에 모여 달리며 가는 꽃턱잎으로 싸여 있다.

복수초는 이른 봄 눈이 녹지 않은 산지에서 꽃을 볼 수 있어 얼음새꽃 또는 설련화라고도 부른다. 땅속 줄기는 짧고 굵으며 밑동에서 흑갈색의 굵은 수염 뿌리가 난다. 줄기는 위쪽에서 갈라지며 녹색을 띤다. 복수초는 관상용으로도 쓰이고 약초로도 쓰인다(복수초는 맹독성의 뿌리를 가진 독초다).

복수초의 꽃말은 '영원한 사랑', '영원한 행복'이다. 여러 가지 사연이 있지만 거미박물관 야생화 단지에 핀 복수초는 아무 말이 없다. 2004년 거미박물관 개관 당시 100여 그루를 심었는데 일부 관람객이 채취해 가는 바람에 지금은 50여 그루만이 해마다 봄 소식을 알려 주는 전령사 역할을 하고 있다.

나를 흥분시킨 한국땅거미

한국산 거미에 대한 연구는 1907년 독일의 E. 쉬트랜트(Embrik Strand)가 자신의 논문 <Süd und ostasintsch spinne>에서 행한 수리거미과의 한국넓적니거미(Gnaphosa koreana Strand)에 대한 연구가 가장 과학적이고 최초의 것이었다. 물론 이 이름은 나중에 거미학자들에 의해 다시 중국넓적니거미(Gnaphosa sinensis Simon, 1880)로 바뀌었다.

1980년대, 일본, 미국 등지에서 학회활동에 활발히 참여한 나는 한국 거미

한국땅거미

연구가 너무 뒤쳐져 있음을 절감하고 이를 극복할 수 있는 방법이 무엇인지 골똘히 연구하기 시작했다.

그리고 얼마 후 자비로 한국거미연구소를 설립하여 선진국들의 거미 연구를 추격하기 시작했다. 당시에 내가 자주 만나 교류했던 분이 바로 일본의 세계적인 원로 거미학자 야기누마(Yaginuma) 교수였다. 야기누마 교수는 '어쩌면 한국에 땅거미류가 서식하고 있을지도 모른다'고 하시면서 땅거미 서식처에 관한 자료와 사진을 주셨다. 나는 그것들을 복사하여 전국 각지에 배포했다. 그리고 마치 현상금 붙은 수배자 찾듯 현상금까지 걸었더니(땅거미집 하나를 찾으면 당시 돈으로 5만원을 준다고 했다) 사방에서 연락이 왔다.

제일 먼저, 경기도 남양주시 조안면 진중리에 사는 엄기문 씨에게서 연락이 왔다. 예봉산 잣나무 숲 기슭에 땅거미가 서식한다는 사실을 확인한 우리는 현상금을 지불한 후 곧바로 학술조사를 시작했다. 그것은 틀림없는 땅거미였다. 그 주변에 땅거미들이 떼 지어 모여 산다는 것을 알게 된 나는 심장 고동이 멈추는 줄 알았다. 그 정도로 흥분되었던 것이다. 면밀히 검토한 결과 그것은 신종(新種, New species)이었고 이후 *Atypus coreanus* Kim, 1985라는 학명으로 학술지에 발표되었다.

한국땅거미집

한국땅거미의 특징은 거미집을 대롱 모양으로 만들어 15cm 정도는 지상부로 올려 나무 줄기에 붙여 놓고 지하부는 땅속으로 30cm 정도 들어가게 만든다는 것이다. 지상부는 땅 위의 벌레들을 잡기 위한 사냥터로 사용하고 지하부는 산실, 식당 등 주거용으로 사용하는 것이다.

땅거미는 한국산 거미류 중에서도 가장 하위에 있는 원시 거미다. 물속에서 살다가 육지로 올라온 거미류는 처음에는 낙엽층에 베이스캠프를 치고 살았고, 그 후 땅의 틈새, 땅속, 동굴 등을 거쳐 오늘날과 같이 지상 높은 곳에 거미줄을 치고 살 수 있게 되었다.

긴 대롱 모양(전대그물: Purse web)으로 지상에 나와 있는 부분과 지하에 묻혀 있는 부분으로 이루어진, 한국땅거미의 거미집은 생태학적으로 지상부가 수직으로 올라간 것과 수평으로 뻗은 것 그리고 지상부 없이 지하부만 있는 것으로 구분된다. 오늘은 지상부가 수직으로 올라간 것에 대해서만 이야기하려고 한다.

한국땅거미가 '인위적으로 제공된' 여러 먹이를 포획할 때의 포식 전술행위를 순서대로 정리하면 다음과 같다. 먼저 지상에 나와 있는 관 모양의 거미집 쪽으로 먹이를 접근시켜 기어가게 하면 거미집에 분포된 설렁줄과 안전줄에 의해 미소한 진동이 일어난다. 그 다음에 긴 대롱 모양의 지하부 거미집에 있는 거미가 '먹이에 의한 진동'을 확인하고 서서히 먹이가 있는 지상부 지점으로 접근한다. 그리고 설렁줄과 안전줄의 진동으로 먹이의 적부를 확인한 거미는 날카롭고 강한 엄니로 먹이를 물어 마비시킨 뒤 거미집 속으로 끌어들이기 시작한다. 이때 먹이를 포획하여 끌어들이는 데 소요되는 시간은 먹이의 크기와 종류에 따라 다소 차이를 보이지만 대체로 먹이의 크기에 비례한다. 즉, 노래기는 평균 3분 04초, 방아개비 유충(紐蟲)은 1분 27초, 베짱이는 6분 07초가 소요된다.

포획된 먹이를 거미집 속으로 끌어들인 다음, 거미는 먹이를 끌어들일 때 망가진 구멍을 짜깁기하여 보수한다. 짜깁기란 찢어진 부분을 원래의 모양대로 맞추어 놓는 과정을 말하는데 이때 복부 후미에 있는 실젖(spinneret)에서 거미줄이 분비되어 보수가 이루어진다. 또한 보수 시 소요되는 시간은 파리가 20초, 노래기가 21초, 여치가 47초, 베짱이가 46초, 방아개비 유충이 24초다. 이와 같이 먹이의 크기와 종류에 따라 다소 차이는 있지만 대체로 1cm 찢어진 곳을 짜깁기 하는 데 21~23초 정도 소요된다.

인간과 자연

인간의 특징

중세까지만 해도 종교적 윤리관 때문에 만물의 영장인 인간에 대해 연구하거나 그 특징을 이야기할 수가 없었다. 하지만 1589년 진화론의 효시가 된 책, 찰스 다윈의 《종의 기원 The Origin of species》이 발간된 이후 인간의 고귀한 가치관이 무너지고 생물학 연구가 자유롭게 되었다. 그 후 1962년 영국의 데스몬드 모리스 D. Morris('털 없는 원숭이 The naked Ape'), 미국의 윌슨 E. O. Wilson('사회생물학 Social Biology') 등 수많은 학자들이 우리 인간을 생물학적으로 연구하게 되었다.

흔히 인간을 만물의 영장이라고도 하고 또 털 없는 원숭이라고도 한다.

현재까지 지구 상에서 발견된 영장류는 총 193종이며 그중 192종은 온몸에 털이 나 있다. 하지만 오직 사람에게만 털이 없기 때문에 흔히 사람을 털 없는 원숭이라고 한다.

인간의 특징은, 첫째, 직립 보행을 한다는 것이다. 직립 보행은 특히 인간의 내장 부위에 많은 변화를 가져왔다. 그래서 가끔 물구나무를 서서 내장을 움직여 주는 것이 좋다.

둘째, 일반 원숭이의 뇌 용량이 60~80ml 정도인데 반해 인간의 뇌 용량은

200~220ml이다. 그래서 인간이 다른 동물에 비해 훨씬 영리하고 똑똑하다고 말하는 것이고 또 인간의 창조 DNA가 탁월하다고 말하는 것이다.

셋째, 원숭이의 몸은 척추가 벌어진 C자형이지만 인간의 몸은 S자형이다. 이 역시 직립 보행에서 기인하는 것이다.

넷째, 인간 남자는 원숭이에 비해 크고 굵은 생식기를 가졌고, 인간 여자는 처녀와 아주머니, 할머니에 이르기까지 크게 돌출된 유방을 가졌다.

원숭이나 다른 포유류 동물은 임신해서 새끼를 낳는 경우에만 유방이 돌출한다. 그리고 그 시기가 지나면 다시 수축되어 작아진다.

다섯째, 원숭이에게는 입술이 없지만 우리 인간에게는 입술이 있고 또 그 입술에 땀샘이 없다. 입술에 땀샘이 없는 이유는 음식이 들어가는 입구(입술)에서 노폐물(땀)이 배출되면 안 되기 때문이다. 다시 말해서 인간은 남녀 간의 애정 표현인 키스를 마음 놓고 할 수 있는 것이다.

여섯째, 원숭이의 경우 앞어금니와 송곳니 사이가 벌어져 있지만 인간의 이빨은 전부 붙어 있다. 그래서 원숭이가 물면 살점에 구멍이 나지만 인간이 물면 살점이 떨어져 나간다.

마지막으로, 우리 인간은 남녀의 성관계를 통해 쾌감을 얻는다. 모든 생물이 종족 번식을 위해 성관계를 맺지만 인간은 성관계를 통해 쾌감도 얻는다. 우리는 이 점에 대해 조물주에게 감사 드려야 한다. 하지만 쾌감을 남용해서는 안 된다. 조물주가 인간에게 부여한 것, 즉 '성관계로 얻는 쾌감'을 남용한 결과 임질, 매독, 에이즈와 같은 무서운 질병이 형벌로서 주어진 것이다.

여성 상위 시대

우리 할머니 할아버지 시대까지만 해도 남존여비 사상이 팽배하여 여성들은 정말 암울한 시대를 살 수밖에 없었다. 그러나 현재는 남녀평등의 시대를 지나 '여성 상위 시대'를 맞이하고 있다. 여성 상위라는 말은 하버드대학교 동물학 교수인 알프레드 킨제이(미국, 1894~1956)가 인간의 성교 체위를 크게 여섯 가지로 구분하여 설명한 것 중 하나로서 이제는 전 세계적인 유행어가 되었다.

흔히 여성 상위 체위를 기승위 또는 역상위라고 한다. 여성 상위 체위란, 남성이 누워 있고 여성이 그 위에 앉아 성교하는 체위를 말한다. 이 경우 여성이 많은 부분을 주도적으로 진행하게 되는데, 특히 '오르가슴을 느낄 수 있는 정도'를 여성이 조절할 수 있다는 장점이 있다. 하지만 종교적 성향이 강한 일부 국가에서는 이 체위를 금기시하고 있다. 여성 상위가 상징하는 것은, 여성의 파워가 점점 강해져 남성을 능가 할 수 있다는 것이다.

최근에는 '우리나라에서 시행되는 교원임용시험, 공무원시험, 외무고시, 행정고시, 사법고시 같은 시험에서 여성이 남성보다 월등히 높은 합격률을 보인다'는 기사가 자주 나오고 있고 또한 취직률도 여성이 절반을 넘을 정도로 높은 것으로 나타났다.

남녀 중·고등학교에서 성적 상위권을 차지하는 것도 대부분 여학생들이다.

이러한 현상에 특별한 이유가 있는 것일까? 혹시 남자들이 원래부터 공부를 못해서일까? 솔직히 말하면, '남자들이 공부를 열심히 안 해서'라고 보는 게 맞을 것이다. 하지만 요즘 사회가 돌아가는 것이나 선진국들을 보더라도 여성 상위 시대라는 말이 틀린 말은 아니라는 생각이 든다. 물론 우리나라에서는 아직 그렇지 않지만, 앞으로 여성의 경제력이 더 커진다면, 사회에서의 발언권, 영향력 등에서 여성의 파워가 남성의 파워를 압도하지 않을까 싶다.

사실 역사를 거슬러 올라가 보면, 원래 인간 사회는 여성 위주의 모계 사회였다. 그러나 농경생활을 하면서부터 부계 사회로 넘어갔고, 지금은 남녀평등의 시대를 지나 여성 상위 시대로 다시 넘어가고 있다.

우리나라의 남녀평등 시대는 고려시대부터 조선 전기(임진왜란 이전)까지였고, 여성 상위 시대(쉽게 말해서 모계 사회)는 아직 국가가 형성되기 전인 삼국시대 이전이었다고 말할 수 있다. 즉 삼국시대 이전에는 여성이 남성보다 우위에 있었다고 해도 크게 문제될 것이 없다.

안 그래도 요즘 여성분들의 콧대가 세져서 거의 결혼을 안 하려고 하거나 또 결혼을 한다 해도 이혼을 밥 먹듯 하고 심지어 일 때문에 임신도 안 하는 경우가 대부분이다. 이러다 보니 남자가 여자한테 매달리게 되는 것이 아닌지……. 여성 취업률이 남성 취업률을 계속 앞지르고, 사회가 여성 위주로 돌아간다면 여자는 직장 다니고 남자는 집에서 밥하고, 빨래하고, 애 보는 시대가 올 것 같다. 지금까지 여성 상위 시대가 도래하게 된 이유에 대해 간략하게 언급했지만, 사실 여기에는 성교 체위인 여성 상위가 기여한 면도 없지 않다.

알고 보면 여성 상위 체위는 자연계의 거미에서 비롯된 것이다. 교미할 준비를 마친 거미는 암수가 서로 마주보고 접근한 다음 수컷이 암컷 아래로 자리를 잡고 교미를 시작한다. 바로 여기서 여성 상위라는 말이 유래한 것이다. 원래부터 남성의 위치는 아래였다. 어쩌면 인간이 거미에게서 배운 것 아닐까? 거미는 미물에 불과하다. 하지만 거미에 대한 연구를 수행한다면, 우리가 거미에게서 배울 점이 너무도 많을 것이다.

살아 있는 자연 생태 실습장 – 갈라파고스 섬

    1993년 6월 하순, 2년간 계획했던 갈라파고스 섬(에콰도르) 채집 여행을 떠났다. 1835년 찰스 다윈이 방문한 이래 현재까지 우리나라 생물학자들 중 갈라파고스 섬으로 채집 여행을 떠난 것은 내가 처음인 것으로 알고 있다. 나는 출발 1개월 전부터 모기 예방약과 주사를 맞으며 준비를 했다. 그리고 뉴욕으로 가서 에콰도르행(行) 비행기를 타고 키토의 시모어 공항에 도착했다. 지금은 다양한 여행 정보가 제공되어 갈라파고스 섬에 대한 정보를 쉽게 얻을 수 있지만 당시만 해도 그런 정보가 거의 전무한 상태였다. 죽기 전에 꼭 가 봐야 하는 그곳! 갈라파고스 섬!

    갈라파고스 섬으로 가는 비행기를 예약하지 못해 며칠간 키토에서 머물렀던 나는 주야로 채집을 하면서 여행도 겸해서 했다. 에콰도르(Ecuador)는 적도선이 지나가기 때문에 붙여진 이름이고 수도는 키토(Quito)다.

    갈라파고스 섬의 공식 명칭은 콜론 제도(Archipielago de Colen)이고 에콰도르 해안에서 서쪽으로 980km 정도 떨어져 있으며 큰 섬 13개, 작은 섬, 17개, 암초 43개로 이루어져 있다. '갈라파고스 섬(Isla Galapagos)'은 '땅거북의 안장'이라는 스페인어에서 유래한 말로 거북섬을 뜻한다. 3일 후 천신만고 끝에

TAME 항공사 비행기를 예약하여 갈라파고스의 무인도 발트라(Baltras) 공항
에 도착했다. 이후 버스, 배 등의 교통수단을 이용해 산타크루스 섬 푸에르트
아요라에 도착했지만 크루즈배 예약이 또 안 되어 4일간 그곳에서 묵으며 매
일 주야로 채집을 하고 색다른 체험을 하게 되었다.

재미있는 것은 숙소 비용이었다. 미국 돈으로 3불짜리부터 120불짜리까지
있었는데 나는 첫날은 3불짜리, 둘째 날은 15불짜리, 셋째 날은 50불짜리, 마지
막 날은 90불짜리에 묵으며 각기 어떤 차이가 있는지 체험해 보기로 했다. 3불
짜리 숙소의 경우 세계 여러 나라 사람들이 한방에서 잠을 잤다. 화장실과 샤
워실은 공동으로 사용했고 샤워기에서는 찬물만 나왔다.

두세 사람이 함께 사용하는 15불짜리 숙소는 가운데 큰 거실이 있었고 TV
도 갖추어져 있었다. 샤워 시설은 공용이었고 물 역시 찬물밖에 나오지 않았
다. 하지만 50불짜리부터는 독방에 샤워 시설이 있었고 더운물도 제공되었다.
해변에 자리 잡은 90불짜리 갈라파고스 호텔(Galapagos Hotel)은 마치 미국
서부의 개척 지역을 연상케 하는 곳에 위치해 있었으며 객실 등 모든 시설이
원시적으로 꾸며져 있었다(종업원이 한 명밖에 없었다). TV, 전화, 냉장고는
없었지만 샤워 시설만큼은 최신식으로 꾸며져 있었다. 이 주변에서 유난히 많
은 가시거미를 채집할 수 있었다.

5일째 되는 날, 7박 8일의 크루즈 여행이 시작되었다. 밤새도록 항해를 하고
다음 날 새벽 섬에 도착하면 투어가 시작되었다. 하지만 거미 채집을 하는 동안
감시가 아주 심했다. 그곳이 유네스코 세계문화유산으로 지정된 국립공원이었
기 때문이다. 그래도 나는 틈틈이 눈을 피해 가며 거미 채집을 했다. 그렇게 해

서 세계 최초로 《갈라파고스의 거미상》이라는 논문이 학술지에 발표되었다.

갈라파고스 섬에는 조류만 해도 1,500여 종이 살고 있다. 핀치새(다윈새), 군함새, 펠리컨, 날지 못하는 가마우찌, 빨간발 부비새, 파란발 부비새, 알바트로스, 바다사자, 강치, 바다 이구아나, 육지 이구아나 등 수많은 생물이 살아가는 <살아 있는 자연 생태 실습장>인 것이다. 재미있는 것은 그중 하나가 바로 갈라파고스 섬의 핀치새라는 사실이다.

현장에 가서 확인해 보니, 우리나라의 참새 종류와 같은 것이었다. 현재 그곳에는 15종의 핀치새들이 살고 있는데 재미있는 것은 이 새들이 처녀, 총각일 때에는 우리나라의 참새와 거의 흡사한데, 암수가 교미한 후에는 체색이 까맣게 변한다는 것이다.

우리 인간도 그렇게 된다면 '처녀, 총각의 구분이 쉬워지지 않을까?' 하고 생각해 본다.

철새들의 도래지 – 백령도

서해5도 하면 북한이 제일 먼저 떠오를 것이다. 서해5도란 백령도, 대청도, 소청도, 연평도, 우도를 말하는데 그중에서도 백령도가 대표적이다.

1996년에 나는 동국대학교 생물학과 동물분류생태학 연구실 학생 22명을 데리고 인천에서 북서쪽으로 191.4km 떨어진 서해 최북단 섬, 백령도로 향했다(백령도는 북한과 가장 가까운 곳에 있는 섬이다). 백령도는 동경 124도 53

백령도 두무진

분, 북위 37도 52분에 위치한 섬으로, 북한의 장여군에서 약 10km, 장산곶에서 약 15km 떨어져 있다.

살아 있는 동안 우리나라 섬들의 '거미상'을 거의 다 연구하기로 마음먹고 수년간 조사를 실시한 나는 다음 방문지로 백령도를 선택했다. 나는 배재고등학교 동기 동창인 김일영 제독을 통해 백령도 해병 여단의 김명환 여단장을 소개받아 백령도 채집 여행을 떠났다. 이때 나는 김 장군으로부터 물심양면으로 많은 도움을 받았다.

원래 백령도의 이름은 곡도였는데 '흰 날개를 펼치고 공중을 나는' 따오기를 닮았다 하여 백령도로 불리게 되었다. 우리 일행은 인천 연안부두에서 데모크라시라는 여객선을 타고 약 4시간 만에 백령도 용기포 선창에 도착했다. 도착 후 김 장군의 안내로 백령도에 관한 영상물을 시청하고 흑룡부대 내 군 콘도에서 4박 5일간의 여장을 푼 우리는 면 소재지이면서 백령도의 중심인 진촌리 일대에서 채집을 시작했다. 진촌리 주변의 큰 담수호는 민물 새우 등 먹이가 풍부하여 천둥오리, 쇠기러기, 두루미, 백조 등 철새들의 도래지로 유명하다. 특히 신석기 시대의 유물이 다량으로 출토된 진촌리 조개무지는 일찍이 사람들이 산 흔적을 발견할 수 있는 곳이다.

서해의 해금강이라 불리는 두무진은 기암괴석으로 이루어진 암벽인데 마침 그 앞에서 한가롭게 휴식을 취하고 있는 점박이물범들(천연기념물 제331호)의 모습과 어울려 좋은 구경거리를 제공했다. 그곳에서 우리는 해안늑대거미를 비롯하여 많은 깡충거미들을 채집할 수 있었다.

심청전의 무대가 된 백령도는 효녀 심청이에 관한 일화가 많은 곳이다. 인당수에 빠진 심청이가 연꽃을 타고 살아났다는 연봉바위와 연화리 마을 주변에서 우리는 수백 마리의 미녀왕거미(Araneus mitifcus)를 채집할 수 있었다. 나는 한 장소에서 그렇게 많은 미녀왕거미(Araneus mitificus)와 꼬리거미(Ariamnes cylindrogaster)를 채집해 본 적이 없었다.

천연기념물 제392호인 콩돌해안 부근에서는 산왕거미(Areneus Ventricoas)의 본래 모습을 관찰할 수 있었다. 원래 산속에 살았던 산왕거미는 먹이 포획이 쉬운 마을로 내려와 집왕거미(Neoscona nautica)를 내쫓고 살기 시작했고 쫓겨난 집왕거미는 마을 밖 논밭 근처로 이주했다.

서북해안 유일의 기독교 역사기관이 있는 중화동에서 채집을 마치고 숙소로 돌아오니 어느덧 3박 4일이 지나 있었다. 마지막으로, 천연기념물 제391호인 용기포 부근의 사곳 사빈은 너비 3km, 길이 100m의 규조토 해변으로 이탈리아 나폴리 해변과 함께 전 세계적으로 두 곳밖에 없는 '천연 비행장 해변'이다. 우리는 사곳 사빈에서 마지막 채집을 하고 상경했다. 4박 5일의 백령도 채집 여행은 최고의 업적을 남겼다. 거미상, 미기록종, 신종 등 11편의 논문이 완성되어 학술지에 발표된 것이다. 특히 깡충거미의 신종인 명환까치깡충거미(Rhene myunghuan Kim 1996)는 김명환 장군에 대한 감사의 마음을 표시하기 위해 그렇게 명명하였다.

닭이 물을 먹듯 술을 마셔라

지구 상에서 술을 제일 먼저 만들어 먹은 동물은 원숭이였다. 하루는 이 원숭이가 새끼들을 데리고 머루를 따 먹다가 남은 머루를 평평한 바위 위에 올려놓고 돌아가 버렸다. 얼마 후 그곳을 지나가던 원숭이들이 지난번에 두고 간 머루가 생각나서 살펴보니 머루 밑에 빛깔 좋은 머루 과즙이 고여 있었다. 그래서 그것을 먹어 보았더니 향기도 좋았지만 기분도 아주 좋은 것이 세상이 온통 자기 것인 양 마치 천국에 온 것 같았다. 이런 경험을 통해 원숭이들은 머루를 따서 발효시키면 와인이 된다는 사실을 터득하게 되었다. 물론 학술적으로는 파스퇴르와 부흐너가 알코올 발효의 원리를 밝혀냈지만 말이다.

몇 년 전 내 후배가 술이 인간의 간(肝, Liver)에 미치는 영향에 대한 논문으로 일본 동경대에서 박사 학위를 받았는데 연구 결과를 보니 간에 해로운 수치를 0에서 20까지로 정하여 실험한 결과 물과 맥주가 0, 와인이 1, 막걸리와 정종이 6, 소주가 14로, 간에 가장 해로운 것이 소주인 것으로 나타났다. 소주를 많이 먹으면 좋지 않다는 것이었다.

옛말에 "술과 매에는 장사가 없다"라는 말이 있다. 제아무리 건강한 사람이라 해도 매일 술을 마셔 대면 그 몸이 견뎌 낼 수 없고, 제아무리 힘이 센 천하

장사라 해도 매를 많이 맞으면 골병들어 죽게 마련이다. 옛 어른들은 약술이라 하여 과일을 이용해 술을 담가 두었다가 식사 때마다 반주로 드시곤 하였다. 약처럼 마시는 술은 몸에 이로운 약주가 되겠지만 지나치게 많이 마시는 것은 몸에 아주 해로운 것이다. 술을 과하게 마시면 이성이 마비되고 판단력이 흐려져서 말과 행동에 실수가 따르게 마련이다.

술을 나타내는 한자어에는 酒와 酎가 있는데 이 두 한자어를 풀어 음미해 볼 필요가 있다.

먼저 술 주(酒) 자는 물 수(水) 변에 닭 유(酉)자로 되어 있다. 막걸리나 맥주, 와인 같이 약한 술을 의미한다. 이것을 풀어서 이야기하면 '닭이 물을 먹듯이 술을 마시라'는 뜻이다. 그렇다면 닭은 어떻게 물을 먹을까? 물 한 모금 입에 물고 하늘 한 번 쳐다보고 먹는다. 우리 인간도 그렇게 천천히, 조금씩 마셔야 술에 취하지 않고 건강을 해치지 않으며 입에서 헛소리도 안 나올 것이다. 뿐만 아니라 닭 유(酉) 자는 하루 중에 유시(酉時), 즉 오후 5시에서 7시 사이를 가리킨다. 유시는 닭이 잠자리에 드는 시간이다. 보통 닭들은 겨울철에는 5시, 여름철에는 7시경에 잠자리에 든다. 그러니까 술을 마시되 닭이 물을 먹듯이 조금씩 마시고 집에는 빨리빨리 들어가라는 뜻이다.

닭이 밤늦도록 물 먹는 모습을 본 적이 있는가? 낮에 물 먹는 것을 봐도 두세 번밖에는 먹지 않는다. 밤을 새워 가며 술을 마신다는 것은 얼마나 어리석은 짓인가? 우리 인간은 살아가면서 동물에게도 배울 것이 많다.

또한 전국술(또는 진한 술) 주(酎) 자는 소주나 양주 같이 독한 술을 마실 때 마디마디 끊어서 마시라는 의미를 담고 있다. 한국인, 중국인, 인디언들 중

20~30% 정도는 술을 마시면 얼굴이 붉어진다. 서양인들 중에는 술 마시고 얼굴이 붉어지는 사람이 거의 없다. 얼굴이 붉어지는 이유는 알코올 속의 독성 물질인 '아세트 알테히드라'를 간에서 분해하는 데 알코올 독성 분해 효소인 탈수소효소(ALDH)가 부족하기 때문이다.

인간 냄새

모든 생명체는 저마다 고유하고 특이한 냄새를 풍긴다. 생명체의 종류와 상태에 따라 악취를 풍길 수도 있고 향기로운 냄새를 풍길 수도 있다. 같은 종들에게서 나는 냄새를 페로몬(pheromone)이라 하고 다른 종들에게서 나는 냄새를 카이로몬(kairomone)이라 한다. 페로몬 냄새를 풍기는 대표적인 예는 개미다. 즉 개미가 장거리 여행을 할 때에는 엉덩이 끝 부분에서 개미산을 분비해 표시를 하면서 갔다가 다시 찾아온다. 그리고 먹을 것을 찾다가 큰 애벌레를 발견한 개미가 도저히 혼자서 운반할 수 없을 때 알람 페로몬(Alarm pheromone)을 엷게 뿌리면 그 냄새를 맡은 동료 개미들이 모여들어 합심하여 끌고 가고 또 적이 나타나 위험할 때 그것을 진하게 뿌리면 적들이 모두 도망간다.

개미는 여왕개미, 일개미, 수개미로 나뉘는데 그중 여왕개미와 일개미는 암컷이다. 문제는 여왕개미만이 자식을 낳을 수 있다는 것이다. 암컷인 일개미는 자식을 낳지 못하고 오직 일만 해야 한다. 어쩌면 일개미는 화가 치밀어 오를 것이다. 누구는 로얄제리를 먹으며 자식만 낳는데 자기는 평생을 석녀(石女)로 살면서 자식 한번 못 낳아 보고 일만 하며 지내니 반란을 일으킬 수도 있지 않겠는가! 그래서 여왕개미는 아침 조회 시간에 여왕 페로몬(Queens pheromone)을 분비하여 일개미들이 자기 본분을 지키며 일만 하게 만든다. 이처럼 여러 종류의 페로몬이 분비됨으로써 개미공화국의 질서가 잡히고 사회 생활이 조직적으로 움직이게 되는 것이다.

암컷이 성페로몬(Sex pheromone)을 분비하면 수컷들이 모여든다. 카이로몬은 천적 관계에서 강자가 약자를 찾아 잡아먹을 때 사용하는 것이다. 동물은 어떤 냄새를 맡느냐에 따라 먹을 것을 구하러 가기도 하고 도망가기도 한다. 아름다운 꽃은 그 향기를 풍겨 나비를 불러 모으고, 벌은 동료들을 불러 모아 꿀과 꽃가루를 먹여 주고 나눠 주며 모두가 행복의 축제로 기뻐하며 춤을 추게 만든다. 꽃의 꽃다운 매력은 그 향기에 있는 것이다. 아무리 예쁜 모습을 지닌 꽃이라 해도 만약 악취를 내뿜는다면 예쁘다고 꺾어 가기는커녕 오히려 모두 피해 갈 것이다.

인간도 마찬가지다. 인간의 인간다운 매력은 아름다운 미모에 있는 것도 아니고 많이 갖거나 많이 아는 것에 있는 것도 아니다. 인간의 인간다운 매력은 인간 냄새의 아름다움과 향기로움에 있다. 인간은 그 냄새가 어떠냐에 따라 로봇이나 허수아비처럼 될 수도 있고, 사기꾼이나 도적놈이 될 수도 있으며 꽃뱀이나 폭군이 될 수도 있다. 어떤 냄새를 풍기느냐에 따라 그 인간성을 알 수 있는 것이다.

인간다운 인간이 되려면 그 냄새가 향기로워야 한다. 인간이 향기로운 냄새를 풍기려면 그 마음 속에 사랑이 흘러넘쳐야 한다. 사랑은 태양처럼 따뜻하며 빛과 기쁨을 줌으로써 인간을 행복하게 만든다. 인간다운 인간이 되려면 온유

함과 겸손함이 흘러넘쳐야 한다. 온화하고 부드러운 성격은 인간관계의 접착제 역할을 할 것이다.

희망이 흘러넘쳐야 한다. 희망이 풍요로울 때 활기가 넘치고 삶이 멋있어지며 미래가 밝아진다. 진실된 신의와 신용이 넘쳐 나야 한다. 진실한 인격이 넘쳐 날 때 그의 약속과 행동이 튼튼해지고 주변이 아름다워져 서로 믿고 살 수 있는 것이다. 고마움과 감사가 넘쳐 나야 한다. 마음으로부터 고마움과 감사가 넘쳐 날 때 더 주고 싶고 존경심이 저절로 생겨나는 것이다.

나 자신은 어떤 냄새를 풍길까? 인간다운 향기로움이 있을까? 남은 여생 동안 향기롭고 멋진 삶, 행복을 나누는 뜻 깊은 삶을 살 것을 기대해 본다.

지혜로운 소의 생존 방식 – 우생마사(牛生馬死)

　아주 큰 호수에 말과 소를 동시에 던져 넣으면 둘 다 헤엄쳐서 뭍으로 나온다. 이때 말이 소보다 헤엄을 훨씬 잘 치기 때문에 말이 먼저 뭍으로 기어 나온다. 말의 헤엄치는 속도가 빨라 소보다 거의 두 배나 먼저 땅을 밟게 되는 것이다. 네발 달린 짐승이 어찌나 헤엄을 잘 치는지 보고 있으면 그저 신기할 따름이다. 여기서 우리는 재미있는 실험을 해볼 필요가 있다.

　갑자기 홍수가 났을 때 소와 말을 유심히 관찰해 보자. 말은 헤엄을 잘 치지만 물살이 강하다. 그래서 말은 물살을 이겨내려고 발버둥을 친다. 1m 전진했다가 물살에 떠밀려 다시 1m를 후퇴하는 과정이 반복된다. 결국 말은 20~30분 정도 제자리에서 맴돌다가 지쳐 익사해 버린다.

　그러나 소는 자신의 헤엄 실력을 알기 때문에 말과는 달리 절대 물살을 거슬러 올라가지 않는다. 소는 물살을 등에 지고 그냥 떠내려간다. 저러다 죽지 않을까 싶지만 그렇게 떠내려가는 와중에도 조금씩 강가 쪽으로 다가간다. 이런 식으로 3~4km 떠내려가다가 강가의 얕은 모래밭에 발이 닿으면 엉금엉금 걸어 나온다. 정말 신기한 일이다. 헤엄을 두 배 이상 잘 치는 말은 물살을 거슬러 올라가다가 힘이 빠져 익사하고, 헤엄을 못 치는 소는 물살에 편승하여 조금씩 강가로 다가가 생명을 건지는 것이다. 바로 이것이 그 유명한 우생마사 (牛生馬死)이다.

인생을 살다 보면 일이 순조롭게 잘 풀릴 때도 있지만 어떨 때는 애쓰고 발버둥 쳐도 일이 꼬이기만 한다. 어렵고 힘든 상황에서는 흐름을 거스를 것이 아니라 소의 지혜를 배워야 할 것이다. 억지로 우겨서 조직을 이동하거나 부당한 방법으로 주위 동료를 음해하고 짓눌러 승진을 하거나 상사와 관련 부서를 해롭게 하여 단기적인 이익을 챙기는 것보다는 자신이 할 일을 충실히 하고, 조직이 필요로 하는 방향으로 움직이고, 누구나 인정하는 능력으로 상급자보다 뛰어난 업무 성과를 내고, 상사나 동료들을 위해 희생하다 보면 저절로 이익을 얻게 되는 것이 순리가 아닐까 한다.

소와 같은 적응력을 갖고 순리대로 생활하다 보면 어려운 일도 잘 이겨낼 수 있고 일도 잘 풀릴 것이다.

명상

현재까지 지구 상에서 발견된 동물의 종이 모두 130여 만 종인데 그중 명상을 하는 동물은 우리 인간뿐일 것이다.

우리 주필거미박물관의 생태학교 프로그램으로 1일, 1박 2일, 2박 3일, 5박 6일 과정의 프로그램이 있는데, 이 중 5박 6일 과정은 주로 여름방학 때 실시하고 있으며 거미학 전문 과정의 입문 코스다. 전 과정을 내가 직접 지도하는데, 나는 매일 아침 하루 일과를 시작하기 전에 30분씩 명상을 한 다음 공부를 시작한다.

많은 사람이 "명상이 좋다는 것은 알지만 어떻게 하는 것인지 모르겠다"라고 말한다. 명상을 하면 뇌에 여러 가지 변화가 생기는데 특히 뇌의 전전두엽에 많은 변화가 생기고 변연계가 활성화되면서 몸이 편안해진다. 자율 신경계에는 교감신경과 부교감신경이 있는데 이 두 신경이 서로 길항 작용을 하여 우리 몸을 지탱해 주는 것이다. 자율 신경계의 교감신경은 우리를 흥분시키고 부교감신경은 우리를 안정시킨다. 명상을 오래 하면 교감신경은 조금 억제되고 부교감신경은 활성화되어 몸이 편안해진다. 뇌파가 변하기 때문에 집중력이 좋아지고 생각이 또렷해지며 인지 능력이 향상된다. 또한 혈액 속의 코르

티솔과 같은 스트레스 호르몬의 농도가 낮아지고 안 좋은 염증 물질의 농도도 떨어진다. 그래서 우울증 환자나 불안 장애 환자들을 치료 할 때에도 명상이 뛰어난 효과를 발휘한다. 그리고 명상이 통증을 완화시키고 면역 기능을 강화한다는 연구 결과도 있다. 이렇듯 명상이 몸에 좋다는 것은 이미 다 알고 있는 사실이다. 하지만 명상을 하는 방법은 아주 복잡하다.

명상의 종류에는 여러 가지가 있다. 호흡 명상, 걷기 명상, 이완 명상, 자세 명상 등 종류도 많고 복잡하다. 하지만 그 포인트는 한 가지다. 바로 생각을 하나로 집중하는 것이다. 그래서 가장 많이 하는 것이 호흡 명상이다. 심호흡을 하면 마음이 편해진다는 것은 누구나 잘 아는 사실이다. 그러므로 눈을 감고 천천히 심호흡을 하면서 호흡에 집중하면 된다. 숨을 들이마실 때 숨이 코와 기도를 지나 폐로 들어가면 온몸으로 퍼지는 듯한 느낌을 받게 된다. 그리고 그 숨을 천천히 내뱉으면서 숨이 빠져나가는 것에 대해서만 생각하는 것이다. 그렇게 천천히 호흡하는 것이 바로 호흡 명상이다.

많은 사람이 이렇게 얘기한다. "잡념이 생겨서 도저히 명상을 할 수가 없어요. 명상을 하려고만 하면 자꾸 집중이 안 되고 잡념이 생겨요. 그러면 명상이 안 되는 거 아닌가요?"

하지만 원래 명상이라는 것이 그런 식으로 시작하는 것이다. 성인군자가 아닌 이상 한 가지에 집중하는 것은 정말 어려운 일이다. 계속 딴생각을 하기 때문이다. 하지만 명상이 무엇이냐 하면 바로 잡념이 들어오는 순간을 본인이 깨닫는 것이다. 아! 내가 지금 호흡하고 있는 것이 아니라 딴생각을 하고 있구나! 이런 식으로 깨닫는 것, 바로 이것이 우리의 전전두엽에서 활동하는 에너지인 것이다. 내가 지금 딴생각을 하고 있다는 사실을 깨닫고 다시 호흡으로 돌아가는 것, 그것이 바로 명상 훈련이다. 귀 후비개로 귀를 후빌 때는 정신을 바짝 차리고 후벼야 한다. 만약 딴생각을 하면서 귓속을 후볐다가 만에 하나 고막을 건드리기라도 하면 큰일 나는 것이다.

이와 마찬가지로 한 가지에 집중하고 있다가 딴생각이 들었을 때 그 사실을 깨닫고 다시 돌아오는 것, 그것이 바로 뇌 속 생각의 훈련이다. 깨닫고 돌아오고, 깨닫고 돌아오고, 그런 식으로 반복하는 것이 명상이다. 그러다 보면 집중할 수 있는 힘이 생기고 그러면서 뇌에 좋은 변화가 생기는 것이다. 뜨거운 열탕에 들어가 눈을 감고 100에서 역으로 99, 98, 97, 96 하고 세어 보는 것도 좋은 명상 방법이다. '인생은 무엇인가?'라는 화두를 잡은 스님들도 계속 명상에 잠겨 집중하다 보면 득도하게 된다.

와인 이야기

와인(wine)의 어원은 '술'이라는 뜻의 라틴어 비눔(vinum)이다. 앞서 말했듯이 지구 상에서 와인을 제일 먼저 만들어 마신 동물은 원숭이였다. 그리고 과학적으로 와인을 연구한 것은 루이자크였고, 알코올 발효에 효모(이스트)가 관여한다는 사실을 밝혀낸 것은 파스퇴르였다. 그 후 부흐너가 효모뿐 아니라 찌마제라는 효소가 관여하여 알코올 발효가 완성된다는 것을 밝혀냈다. 와인의 종류에는 레드 와인, 화이트 와인, 로제, 스파클링 등이 있다.

중·저가 와인 양조 방법과 고가 와인 양조 방법에는 차이가 있다. 대중적 와인과 고급 와인은 와인 제조법에 의해 구분되는데 그 제조법이 서로 다르다. 와인의 등급과 와인의 양조 방법은 와인의 품질과 가격에 관련되기 때문에 소비자들에게는 대단히 중요한 것이다. 대중적 와인은 큰 부담 없이 마실 수 있지만 고급 와인은 대중적 와인보다는 가격과 품질이 높은 와인이다. 문제는 나라별로 소득 수준과 와인 가격이 다르기 때문에 얼마까지는 대중적 와인이고 얼마 이상은 고급 와인이라고 한마디로 규정할 수 없다는 것이다. 이러한 와인의 등급은 유럽 등지에서는 법으로 정해져 있다. 유럽에서는 특정 지역, 재배하는 포도의 품종과 재배 방법, 포도의 최소 당도, 단위 면적당 최대 포도 수확

량, 와인 양조 방법, 상표의 표기 방법 등을 엄격히 규제하고 관리하여 생산되는 와인을 고급 와인으로 인정하고 있다.

고급 와인은 대체로 좁은 지역에서 생산되며 그 지역의 자연환경적 특징이 잘 나타나 있다. 고급 와인의 경우 프랑스에서는 A.O.P.(과거에는 A.O.C.), 이태리에서는 D.O.P.(과거에는 D.O.C., 또는 D.O.C.G.), 스페인에서는 D.O.P.(과거에는 D.O.C., 또는 D.O.C.G.)의 원산지 규정이 있고 독일에서는 QmP 등을 상표에 표기한다. 이들 고급 와인은 대체로 가격이 비싸다. 고급 와인이라 해도 어떤 와인은 비싸고 어떤 와인은 대중적 와인보다 쌀 수 있다. 법적으로 특정 지역의 와인을 일괄적으로 고급 와인으로 정했기 때문에 구체적인 와인들 간에 가격이 서로 다를 수 있는 것이다. 그래서 고급이라는 등급만 보고 와인을 구입하면 실망할 수도 있다. 유럽에서 대중적 와인, 즉 고급 와인의 아래 등급이라고 하면 대체로 아주 넓은 지역에서 만들어진 와인을 블랜딩해서 만든 것을 말한다.

우리나라에서는 넓은 지역에서 만들어진 와인들을 섞어 만든다. 이러한 와인들은 좁은 지역에서 만들어진 고급 와인과는 다르다.

프랑스에서 만들어지는 대중적 와인에는 I.G.P.(과거 Vin de Pay) 또는 Vin de Table 등급이 있다. 이태리의 경우 I.G.P.(과거에는 I.G.T.) 또는 Vino da Tavola 등급이 있고 스페인의 경우 Vino de la Tierra와 Vino de messa 등급이 있으며 독일의 경우 QbA와 Tafelwein 등급이 있다.

북미, 남미, 오스트레일리아, 아시아의 경우 포도 생산지를 규정하는 법은 있지만 와인의 등급을 규정하는 법은 없다. 이들 나라에서는 단일 포도 품종을 사용해 만들면 고급 와인, 여러 품종의 포도를 섞어서 만들면 대중 와인이라고 한다.

오크통에서 와인을 숙성시키면 오크통의 컬러와 향 그리고 맛이 와인 속으로 스며들게 된다. 그래서 빛깔이 진해지고 탄닌 맛이 많아지게 되는 것이다. 이때 오크통에서는 두 가지 향이 발생하는데 그 하나는 오크나무 향이고 다른 하나는 오크통 내부를 불로 그을릴 때 생기는 향이다.

맥주나 소주는 산성 술이지만 와인이나 양주는 알칼리성 술이기 때문에 우리 몸의 체질 개선을 위해서는 알칼리성 술을 마시는 것이 좋다.

서해 우도에서 있었던 일

　꿈 많던 청소년 시절, 고등학교 진학 문제로 아버지와 심한 갈등을 겪은 나는 여주농고 1학년 때(그해 4월에) 가출을 하여 서해에서 섬 생활을 한 적이 있다. 나는 외숙이 살고 계시던 대무의도에서 주로 생활을 하며 고기잡이배도 타보고 갯벌에 나가 게, 낙지, 조개, 물고기도 잡아 보고 때로는 바다 낚시도 즐겨 보았다. 그때 가장 추억에 남은 일이 몇 가지 있었다.

우도

여름 복날에 가장 먹기 좋은 음식을 꼽으라면 첫째 민어, 둘째 토종닭, 셋째 보신탕일 것이다. 나는 동네 사람들과 함께 민어 낚시를 갔다. 대무의도 산 정상에서 내려다보면 서북쪽으로, 요새 한참 문제가 되는 서해 5도, 즉 백령도, 대청도, 소청도, 연평도, 그리고 그중 가장 작은 섬 우도가 전개되어 있다.

우도는 맑은 날 대무의도에서 바라보면 마치 소가 웅크리고 앉아 있는 모습과 같다 하여 우도(牛島)라 부르게 되었는데 면적은 0.21km²로 독도보다 약간 크다. 행정구역상 인천광역시 강화군 서도면 말도리에 속하는 우도는 옹진군 연평도에서 동쪽으로 25km 지점, 그러니까 인천국제공항과 가까운 전략적 요충지에 자리 잡고 있다(해병대 병력이 주둔하고 있다). 또한 우도는 서해 북방한계선(NLL)에서 남쪽으로 6km 지점에 위치해 있으며 썰물 때는 갯벌이 넓게 드러나 주변의 작은 섬들과 연결된다(내 고향인 황해남도 연안군은 우도에서 북동쪽으로 19km 떨어져 있다).

우도 주변은 갯벌이 크게 발달해 있을 뿐만 아니라 희귀 식물인 석위가 대단위로 분포하고 있다. 또한 범게가 대량 서식할 뿐만 아니라 조개, 쥐 등 다양한 동물이 풍부하게 서식하고 있다. 그래서 국가에서는 도서 지역 생태 보전에 관한 특별법에 따라 우도를 독도와 마찬가지로 특별 도서로 지정하여 관리하고 있다.

우도 주변의 바닷물 속에는 민어가 아주 많다(나는 그 근처까지 가서 낚시를 했다). 썰물 때 넓게 드러나는 갯벌에는 각종 조개, 게, 어류가 살고 있다. 한번은 곰쥐 떼가 오락가락하는 것이 관찰되어 자세히 살펴보니 참 재미있는 광경이 눈에 들어왔다. 쥐들이 떼 지어 갯벌로 내려와서 조개를 잡아먹는 것 아닌가? 물속의 조개가 입을 벌리고 있으면 쥐들이 그 옆으로 가서 조개 입 속에 꼬리를 넣는다. 그러면 조개가 깜짝 놀라 쥐 꼬리를 물고 바로 그때 쥐가 조개를 끌고 뜨거운 모래사장으로 간다. 잠시 후 조개가 죽으면 쥐는 조개를 파먹기 시작한다. 요즘은 우도가 어떻게 변해 있는지 다시 한번 가 보고 싶다.

노인들은 왜 자다가 깨서 소변을 볼까?

가정생활에서 가장 중요한 것 중 하나가 상수도이고 이와 함께 중요한 역할을 하는 것이 하수도이다. 마찬가지로 인간의 몸에서 가장 중요한 것 중 하나가 바로 하수도 역할을 하는 콩팥(신장)이다. 콩팥은 배설기관의 기본 구성단위인 네프론(말피기씨소체+세뇨관)과 말피기씨소체(사구체+보오만씨주머니)로 이루어져 있고 맡은 기능은 여과와 재흡수, 재분비이다.

비뇨기계의 중요한 장기인 콩팥은 후복막 양측에 두 개가 있으며 노폐물을 걸러내고 소변을 만들어 내는 일을 하므로 심장 못지않게 중요하다. 그렇다면 나이 든 사람이 자다가 깨서 소변을 자주 보는 이유는 무엇일까? 아마도 그것은 호르몬 변화와 질병 때문일 것이다. 길고 추운 겨울밤에 숙면을 하려면 물, 술, 커피, 짠 음식을 줄여야 한다. 밤에 자다가 깨서 소변을 보는 것은 일종의 노화 현상으로 길고 추운 밤에는 더 심해질 것이다.

나이가 들면 콩팥의 주요 기능이 약해진다. 나이가 들수록 혈액이 통과할 때 생성되는 소변의 양이 많아지고 농도도 묽어진다. 성인 남성의 하루 소변량은 약 1.8ℓ이다. 그러니까 하루에 6회 소변을 본다고 했을 때 1회 소변량이 300㎖ 정도라는 말이다. 네 시간에 한 번씩 소변을 본다고 가정하면 하룻밤에 최소한 한 번은 잠에서 깨어야 하는 것이다. 하지만 젊었을 때 소변을 보기 위해 잠에서 깨는 경우는 드물다. 콩팥이 낮에는 소변을 많이 만들고 밤에는 적게 만들기 때문이다. 밤에 소변량이 줄어드는 것은 뇌하수체 후엽에서 분비되는 항이뇨 호르몬 때문이다. 항이뇨 호르몬은 콩팥에서 물이 재흡수되도록 하여 소변의 양을 줄인다. 하지만 노인이 되면 항이뇨 호르몬이 적게 분비되어 소변의 양이 많아진다. 그래서 노인의 경우 자다가 깨서 소변을 보러 가는 일이 잦은 것이다. 증상이 심해지면 하룻밤에 두세 번씩 가는 경우도 있다.

콩팥 기능 저하와 항이뇨 호르몬 감소는 남녀 모두에게 일어나는 현상이다. 특히 남성의 경우 전립선 비대증이 있으면 증세가 더욱 심해진다. 노인이 되면 첫째, 저녁에 물을 적게 마셔야 하고 둘째, 저녁 식사 때 국물 많은 음식을 자제해야 하며 셋째, 술과 커피를 줄여야 하고 넷째, 가능한 한 싱겁게 먹어야 한다.

색인

김주필 박사가 들려주는 **알면 유익한 자연의 세계**

초판 1쇄 인쇄일 | 2016년 9월25일

초판 1쇄 발행일 | 2016년 9월25일

지은이 | 김주필
편 집 | 이재필
디자인 | 임나탈리야
펴낸이 | 강완구
펴낸곳 | 써네스트
출판등록 | 2005년 7월 13일 제313-2005-000149호
주 소 | 서울시 마포구 동교동 165-8 엘지팰리스 빌딩 925호
전 화 | 02-332-9384 . **팩 스** | 0303-0006-9384
이메일 | sunestbooks@yahoo.co.kr
ISBN 979-11-86430-31-6(03470)   값 15,000원

이 도서의 국립중앙도서관 출판시도서목록(CIP)은 서지정보유통지원시스템 홈페이지
(http://seoji.nl.go.kr)와 국가자료공동목록시스템(http://www.nl.go.kr/kolisnet)에서 이용
하실 수 있습니다. (CIP제어번호 : CIP2016016731)